Wissenschaftsgeschichte

Einblicke in die Wissenschaft

Gisela-Ruth Engewald

Georgius Agricola

In der populärwissenschaftlichen Sammlung

Einblicke in die Wissenschaft

mit den Schwerpunkten Mathematik – Naturwissenschaften – Technik werden in allgemeinverständlicher Form

- elementare Fragestellungen zu interessanten Problemen aufgegriffen,
- Themen aus der aktuellen Forschung behandelt,
- historische Zusammenhänge aufgehellt,
- Leben und Werk bedeutender Forscher und Erfinder vorgestellt.

Diese Reihe ermöglicht interessierten Laien einen einfachen Einstieg, bietet aber auch Fachleuten anregende, unterhaltsame und zugleich fundierte Einblicke in die Wissenschaft.

Jeder Band ist in sich abgeschlossen und leicht lesbar.

Gisela-Ruth Engewald

Georgius Agricola

Unter Mitarbeit
von Heinz Krümmer

2., überarbeitete Auflage

B. G. Teubner Verlagsgesellschaft
Stuttgart · Leipzig

Verlag der Fachvereine Zürich

Dr. Gisela-Ruth Engewald
D-09599 Freiberg
Heinz Krümmer
D-09212 Limbach-Oberfrohna

Bildnachweis:
Heinz Krümmer: Abb. 1, 2, 3, 4, 5
Gisela-Ruth Engewald: Abb. 7, 8, 9, 10, 11, 15, 16, 17, 18, 21, 22, 23, 24, 25
Stadtarchiv Chemnitz: Abb. 26, 27, 28
Stadtarchiv Zwickau: Abb. 13, 14
Hauptstaatsarchiv Dresden: Abb. 6

Die Deutsche Bibliothek – CIP-Einheitsaufnahme

Engewald, Gisela-Ruth:
Georgius Agricola / Gisela-Ruth Engewald.
Unter Mitarb. von Heinz Krümmer. – 2., überarb. Aufl. –
Stuttgart ; Leipzig : Teubner ; Zürich : vdf, Verl. der Fachvereine, 1994
(Einblicke in die Wissenschaft : Wissenschaftsgeschichte)

ISBN 978-3-8154-2503-9 ISBN 978-3-322-95384-1 (eBook)

DOI 10.1007/978-3-322-95384-1

Umschlaggestaltung: E. Kretschmer, Leipzig

Geleitwort

Die zweite, überarbeitete Auflage der Biographie des großen sächsischen Wissenschaftlers Dr. Georgius Agricola ist ein Beitrag zur Würdigung seines Lebens und seines Werkes anläßlich seines 500. Geburtstages im Jahre 1994.

Georgius Agricola hat mit seinen gründlichen Aufzeichnungen und wissenschaftlichen Betrachtungen auf vielen Gebieten der Natur- und Montanwissenschaften Pionierarbeit geleistet. Er zählt zu den großen Gelehrten, die man als Väter der Wissenschaften bezeichnet. Dabei praktizierte er bereits in seiner Zeit ein fachübergreifendes Denken, wie es heute in der wissenschaftlichen Tätigkeit unerläßlich ist.

Sowohl in den umfassenden Werken von Georgius Agricola als auch in seinem Wirken, ob als Lehrer, Arzt oder Bürgermeister, überall kommt seine zutiefst humanistische Grundhaltung zum Ausdruck.

Als standesbewußte Bergleute und Freunde des Bergbaus sind wir natürlich stolz darauf, daß Georgius Agricola umfassende Beschreibungen des Berg- und Hüttenwesens sowie die mineralogischen Kenntnisse seiner Zeit für die Nachwelt festgehalten hat. Er hat uns nicht nur rein technische oder wirtschaftlich-wissenschaftliche Betrachtungen hinterlassen, sondern auch wertvolle Aufzeichnungen über das Leben und das Verhalten der Menschen im Montanwesen zur damaligen Zeit. Deutlich wird hier, daß das Berg- und Hüttenwesen gebildete und fachlich erfahrene Menschen erfordert, um hohe Ergebnisse zum Nutzen des Landes zu erzielen.

Deshalb sind Georgius Agricolas Betrachtungen zu den Berg- und Hüttenleuten, zu ihrem Standesbewußtsein, Brauchtum und kulturellen Leben in den einzelnen Regionen, Bergrevieren und Bergorten für uns sehr wertvoll.

Der Sächsische Landesverband mit seinen Bergmanns-, Hütten- und Knappenvereinen fühlt sich zutiefst dem Werk und Wirken von Georgius Agricola verpflichtet. Seine Mitglieder haben deshalb auch die Überarbeitung dieser Biographie unterstützt.

Mit der Erhaltung, Pflege und Weiterführung der berg- und hüttenmännischen Kultur und des Brauchtums durch die teilweise seit über 650 Jahren bestehenden Brüderschaften und Knappschaften wollen wir Wertvolles im Sinne von Georgius Agricola erhalten und an nachfolgende Generationen weitergeben.

Siegfried Schilling

Vorsitzender des Sächsischen Landesverbandes der Bergmanns-, Hütten- und Knappenvereine e.V.

Ehrenfriedersdorf, Oktober 1993

Vorwort

Der 500. Geburtstag von Georgius Agricola im Jahre 1994 war Anlaß, viele Details, die das Lebensbild dieses herausragenden Gelehrten des 16. Jahrhunderts vervollständigen und die ich seit dem Erscheinen der ersten Auflage der Biographie im Jahre 1982 gesammelt habe, in die vorliegende Neuauflage aufzunehmen.
Zahlreichen Freunden und Fachkollegen verdanke ich dabei Unterstützung. Besonders danken möchte ich Herrn Heinz Krümmer aus Limbach-Oberfrohna bei Chemnitz, der langwierige Recherchen in Kreis-, Stadt-, Staats- und Familienarchiven unterstützte und durch sachkundige Hinweise ermöglichte. In vielen Fachgesprächen haben wir unsere Auffassungen diskutiert. Er hat das Manuskript wiederholt durchgesehen und mir durch ermutigenden Zuspruch sowie mit fundierten Kenntnissen auf den Gebieten der Mineralogie und Montangeschichte sehr geholfen.
Danken möchte ich auch allen Freunden und Fachkollegen, die mir sowohl während der mehrjährigen Recherchen als auch in der Zeit der Manuskriptbearbeitung wichtige Hinweise gaben und mich moralisch unterstützten. Stellvertretend hierfür darf ich besonders dem langjährigen Agricola-Forscher Dr. Hans Prescher aus Dresden, den Herren Dr. Eberhard Neubert, Dr. Rainer Sennewald, Dr. Roland Ladwig und Dr. Alois Schreiber aus Freiberg sowie Prof. Dr. Friedrich Naumann aus Chemnitz herzlich danken.
Seit 1955, dem 450. Todestag von Georgius Agricola, wurden vom Museum für Mineralogie und Geologie zu Dresden unter der Leitung von Dr. Hans Prescher elf Bände "Georgius Agricola - ausgewählte Werke" herausgegeben, die mir eine wertvolle Hilfe bei der Ergänzung des Lebensbildes dieses universellen Gelehrten waren.
Besonderer Dank gebührt Herrn Jürgen Weiß von der B. G. Teubner Verlagsgesellschaft in Leipzig, der mich mit viel Vertrauen unterstützte und immer wieder anspornte.
Herzlich danken möchte ich schließlich dem Team der "computer service gmbh" Freiberg, das wesentlich zur technischen Fertigstellung dieses Buches beigetragen hat.
Es ist mein Wunsch, mit dieser Biographie beim Leser das Interesse am Werk von Georgius Agricola zu wecken und zu fördern.

Freiberg, Oktober 1993 Gisela-Ruth Engewald

Inhalt

Kindheit und Schulzeit

Georg Pawer (Georgius Agricola) wurde am 24. März 1494 in Glauchau an der Zwickauer Mulde geboren. Er war das zweite von sieben Kindern. Über seine Eltern und Geschwister, über die wirtschaftlichen und sozialen Verhältnisse der Familie liegen nur dürftige Nachrichten vor, da Georg über seine Verwandten (sowohl über das Elternhaus als auch über seine Ehen) nur sehr selten in seinen Werken und Briefen Andeutungen macht. Auch in Ratsprotokollen oder Unterlagen von Archiven Glauchaus ist nur sehr wenig über sein Elternhaus zu erfahren, denn vieles ist in den Kriegswirren des Schmalkaldischen Krieges 1547 verloren gegangen oder wurde bei den Stadtbränden von 1630 und 1712 vernichtet. Vermutlich war Georgs Vater, Gregor Pawer, Handwerker und betrieb das Tuchmacher- und Färbergewerbe. Er gehörte noch zu den Bewohnern der Stadt, die dem Besitzer der Grundherrschaft, der Herrschaft von Schönburg [1], gegenüber fronpflichtig waren. So ist bekannt, daß Gregor im Jahre 1493 einer der vier Innenstädter Glauchaus war, der - wenn auch nur für einen Tag - zum Getreidemähen herangezogen wurde [2].
Die Herren von Schönburg residierten während Agricolas Lebzeit auf dem Schloß Glauchau und waren auf dem Höhepunkt ihrer Macht. Dieses Herrschaftsgeschlecht hatte seinen Stammsitz auf der Schönburg bei Naumburg. Bereits im 12. Jahrhundert beteiligte es sich an der Besiedlung im Gebiet der Zwickauer Mulde und gründete hier 1233 das Hauskloster Geringswalde (ein Benediktiner-Nonnenkloster). Mit dem Bau ihres späteren Hauptsitzes, der Burg Glauchau, begannen die Schönburger um 1170/80; um 1200 errichteten sie die Burg Lichtenstein. Etwa im Jahre 1300 gelangten die Schönburger in den Besitz der Herrschaft Meerane, 1375/78 der Herrschaft Waldenburg und 1406/39 der Grafschaft Hartenstein [3]. Damit erstreckte sich ihr Gebiet, als Georg geboren wurde, vom Erzgebirgskamm am Fichtelberg nordwärts bis südlich von Waldenburg entlang der Zwickauer Mulde, nur unterbrochen durch den kursächsischen Besitz mit Zwickau und Umgebung.
Der junge Georg Pawer hat in seiner Kindheit und Jugend die komplizierten Macht- und Unterstellungsverhältnisse der Schönburger miterlebt, denn der Besitz der Herrschaft von Schönburg lag im Territorium des sächsischen Herrrscherhauses, der Wettiner. Im Süden grenzte es an das Gebiet der Herrschaft Schlackenwerth im Königreich Böhmen/Ungarn. Die Schönburger waren sowohl dem deutschen Kaiser lehenspflichtig als auch durch Lehensverhältnisse Vasall von Sachsen und Böhmen. Sie hatten damit genauso wie die Grafengeschlechter von Mansfeld, Stolberg, Schwarzburg und Leisnig u.a. eine

Doppelstellung: so waren sie selbst Lehensherren mit eigenem, sehr umfangreichem Grundeigentum entlang der Zwickauer Mulde, im Erzgebirge, in der Sächsischen Schweiz und Böhmen. Hinzu kamen noch die Städte Glauchau, Waldenburg, Lichtenstein, Hartenstein und Meerane mit unterschiedlichem Gewerbe und eigenem Bergbau sowie ritterliche Vasallen an ihrem Hof. Andererseits waren sie Lehensträger der benachbarten wettinischen und böhmischen Herrscherhäuser, diesen also dienstverpflichtet. Die Schönburger übertrugen bereits um 1300, Differenzen zwischen den sächsischen und böhmischen Herrschern nutzend, dem böhmischen König ihre reichsunmittelbaren Herrschaften Glauchau und Lichtenstein als Lehen. Sie erhielten sie danach als sogenannte Reichsafterlehen (als Zwischenlehensverhältnis) zurück. Ähnlich verhielt es sich auch mit den Herrschaften Waldenburg, Meerane und ab 1456 mit der Grafschaft Hartenstein. Jedoch waren bei letzterer die Wettiner Zwischenlehensträger. Diese Lehensverhältnisse mußten bei jedem Wechsel des Lehensherrn bzw. des Lehensträgers (z. B. Tod, Machtwechsel, Kauf) neu beantragt und bestätigt werden. Das wird der junge Georg Pawer miterlebt haben, denn Wolf I. und Ernst II. von Schönburg mußten, als sie im Jahre 1512 von ihrer Mutter Anna die Regentschaft übertragen bekamen, um die Belehnung bei den Wettinern und beim böhmischen König nachsuchen. So nahm Wolf I. von Schönburg 1517 im Schloß von Prag für sich und seinen Bruder die Belehnung mit den böhmischen Lehensherrschaften Glauchau, Lichtenstein und Waldenburg entgegen. Wenig später (am 5. März 1518) beurkundete König Ludwig von Ungarn und Böhmen dem Schönburger Ernst II. die Belehnung "mit den Herrschaften und Gütern Glauchau, Waldenburg und Purschenstein mit allem und jetzigem Zubehör" [4] in Ofen/Ungarn. Nach dem Tode Kaiser Maximilians I. 1519 wurde auf dem Reichstag zu Augsburg 1521 durch Kaiser Karl V., der am 28. Juni 1519 nach seiner Wahl zum deutschen Kaiser die Nachfolge Maximilians antrat, festgelegt, daß das Adelsgeschlecht Schönburg weiterhin dem Reich unmittelbar unterstellt blieb und damit Reichsverpflichtungen hat. Im Jahre 1522 wurden Ernst II. in Prag zugleich im Auftrag des sächsischen Kurfürsten Friedrich III. und des sächsischen Herzogs Georg die böhmischen Lehen beurkundet. Darüber hinaus besaßen die Schönburger die böhmischen Herrschaften Greslass, Preßnitz, die sie 1522 kauften, und die Herrschaft Graupen in Böhmen. Die Herrschaft Graupen verkauften die Brüder Wolf I. und Ernst II. von Schönburg im Vertrag vom 29. Juni 1523 für 15 000 Rhein. Gulden an Thimo von Colditz [5] . Dadurch konnten sie am gleichen Tag die Ehegeldschuld von 2 000 Gulden für ihre Schwester Elisabeth an Hieronymus von Schlick aus Joachimsthal, den Bruder des Gründers der Stadt, begleichen [6].

Auch von Herzog Georg erhielten sie Besitz verliehen: 1522 die Herrschaften Hohnstein, Lohmen und Wehlen[7]. Im Jahre 1531 vergrößerte Ernst II. den Besitz durch den Erwerb der Burg Kriebstein bei Chemnitz.
Der wirtschaftlichen Entwicklung von Georgs Heimatstadt Glauchau kam besonders zugute, daß die Adelsfamilie Schönburg Ende des 15. und Anfang des 16. Jahrhunderts auf dem Schloß Glauchau residierte und ihren Einfluß im Zusammenhang mit dem aufblühenden Bergbau durch die Gründung der Bergstädte Hohenstein (östlich von Glauchau) sowie Scheibenberg und Oberwiesenthal bis ins obere Erzgebirge hinauf ausdehnte [8].
In der Stadt Glauchau lebten um 1500 etwa 1 100 bis 1 500 Einwohner. Wie andere Städte auch, war sie mit Marktrechten und Zünften ausgestattet. Sie wurde von einem Rat geleitet und verwaltet und hatte eine kleine Lateinschule. Lateinschulen gab es damals in fast allen deutschen Städten. Die Glauchauer Schule war der Kirche angegliedert, obwohl sie eine Stiftung des Territorialherren war. Ernst I. von Schönburg hatte sie im Jahre 1480 zur Ausbildung von Chorsängern und damit zur Unterstützung des Gottesdienstes in den Räumen seines Schlosses gegründet. Musik und Gesang waren der Hauptzweck des Unterrichtes. Dazu notwendiges Wissen wurde in der Sprache des Gottesdienstes, in Latein, vermittelt.
Diese Parochialschule, wie man solche Schulen auch nennt, nahm etwa acht Knaben auf, die bis zum 12. Lebensjahr unterrichtet wurden [9]. Sie muß, im Vergleich mit Schulen anderer Städte in der Nachbarschaft, z. B. mit Zwickau, einen guten Ruf gehabt haben. Bekannt geworden ist ihr Musikunterricht durch ein Schulheft des Schülers Stephan Roth. Dieser Junge, 1492 als Sohn eines Schusters in Zwickau geboren, kam als Dreizehnjähriger an die Glauchauer Schule. Hier besuchte er den Unterricht zusammen mit Georg Pawer bis 1506. In dieser Zeit erwuchs eine Freundschaft, die beide später immer wieder zusammenführte.
Im Schloß werden auch Kontakte zwischen Georg und den fünf Kindern der Herrschaft entstanden sein. Es waren Anna (geboren 1479), Wolf I. (geboren 1482), die Zwillinge Ernst II. und Elisabeth (geboren 1484) und Margarete (geboren 1489). Diese Kinder wurden hauptsächlich von ihrer Mutter Anna, geborene von Rieneck, erzogen. Ihren Ehemann, Ernst I. von Schönburg, hatte sie durch ihre Brüder und Verwandten, die fränkisch-thüringischen Adelsfamilien von Rieneck und Wertheim, kennengelernt. Die Brüder beteiligten sich, ebenso wie Ernst I., 1474 an einem Pilgerzug nach Jerusalem. Bei ihrer Heirat 1478 hatte Anna durch eine reiche Mitgift den Besitz der Schönburger vergrößert [10]. Ernst I. war 1488 dem Aufgebot Kaiser Maximilians I. zum

Kampf gegen die Niederländer gefolgt und wurde bei Grünberg schwer verwundet. Er starb am 27.1.1489 in Vilvorde bei Brüssel und ist in der Marienkapelle zu Antwerpen beigesetzt [11].
Anna von Schönburg hatte nach dem Tod ihres Mannes die Vormundschaft über ihre fünf Kinder und die Regentschaft im Land übernommen. Als Vormund der Kinder wurden desweiteren aus ihrer Familie Graf Michael von Wertheim und Graf Siegmund der Jüngere von Gleichen eingesetzt. Die böhmische Linie der Schönburger bemühte sich ebenfalls um die Vormundschaft, aber vergeblich. Die guten familiären Beziehungen der Schönburgischen Linien blieben aber erhalten. Durch die engen Verbindungen zur Verwandtschaft der Mutter, die hohe Ämter im Erzbistum Mainz bekleidete, wurde den Söhnen Wolf und Ernst schon sehr früh eine gute Erziehung und Bildung ermöglicht. Das hat der junge Georg Pawer miterlebt.
Beide, Wolf I. und Ernst II., traten etwa gleichzeitig mit der Übernahme ihres Besitzes 1512 in diplomatische Dienste. Ernst II. wurde 1512 herzoglicher Rat am Hof des Albertiners Georg des Bärtigen in Dresden und blieb bis an sein Lebensende 1534 Geheimer Rat. Von 1516 bis 1520 war er Statthalter von Dresden [12]. Im Deutschen Bauernkrieg nahm er 1525 im Aufgebot des Herzogs Georg während der Schlacht bei Frankenhausen Thomas Müntzer gefangen.
Wolf I. trat in den Dienst des Klerus. Er war bereits 1515 Rat des Erzbischofs von Magdeburg und Mainz, des Kurfürsten Markgraf Albrecht II. von Brandenburg und in dessen Diensten Statthalter von Halle [13]. Außerdem trat er in einem Vertrag vom 9. April 1518 in den Dienst des Deutschritterordens und verpflichtete sich, sein Leben lang "unser und unsres Ordens Diener und Rat" zu sein. Zugleich übernahm er damit die Restschuld von 2000 Rhein. Gulden seiner Vorfahren sowie die Verpflichtung "... mit 12 ausgerüsteten Pferden jederzeit für den Orden bereit zu stehen..." [14]. Zusammen mit Wilhelm von Ysenburg stand er 1520 an der Spitze zweier Heere des Deutschritterordens im Feldzug gegen den Polenkönig Sigismund. Bereits 1519 hatte sich Wolf I. nach dem Tode Kaiser Maximilians I. Franz von Sickingens angeschlossen, um die Reichsacht gegen Ulrich von Württemberg zu verhängen. Er nahm auch Götz von Berlichingen gefangen. Durch seine Tätigkeit für den Erzbischof von Magdeburg und Mainz sowie den Deutschritterorden hatte er sehr viele Verpflichtungen. Im Vergleich zu seinem Bruder Ernst II. hielt er sich wenig in Glauchau auf. Er wird von Georgius Agricola in seinem Werk "Bermannus ..." genannt. Er bezeichnet ihn als "... einen sehr gebildeten und reichen Herrn...".
Über die Kindheit von Georg ist wenig bekannt. Dafür, daß er sich 1505 in seiner Heimatstadt Glauchau aufgehalten hat, spricht seine Beschreibung des Flöz-

brandes in Planitz bei Zwickau. In seinem späteren Werk "Bermannus ..." läßt er einen der Gesprächspartner dazu folgendes sagen:

Als wir noch ziemlich kleine Buben waren, gerieten die Zwickauer Kohlengruben in Brand. Nicht anders als Ätna und Vesuv brannte der Berg und spie Flammen aus, so daß man in der Stadt selbst in Furcht geriet, die doch drei römische Meilen (= 4,5 km) *entfernt liegt* [15].

Der Brand muß sehr große Ausmaße angenommen haben. An einer anderen Stelle berichtet Georg darüber, daß "die Flammen aus einigen Schächten zu Tage geschlagen und sowohl das Zimmerholz der Gruben, wie Bäume auf der Oberfläche verkohlt haben ...". Bereits im Jahre 1479 waren die Kohlenflöze im Süden Zwickaus in Brand geraten. Das Feuer konnte jedoch bald unter Kontrolle gebracht werden. Petrus Albinus, der bekannteste sächsische Geschichtsschreiber des 16. Jahrhunderts, erwähnt in seinem im Jahre 1590 erschienenen Buch "Meißnische Land- und Bergchronica" diese beiden Brände und hebt darin die besonders große Intensität der Feuersbrunst aus dem Jahre 1505 hervor [16].

In Brand geraten waren Anfang des 16. Jahrhunderts die Steinkohlenflöze, die zwischen den Orten Planitz und Bockwa bei Zwickau in mehreren Gruben untertägig abgebaut wurden. In dieser Zeit fand die Steinkohle in den Küchen der Armen als Herdfeuerung und in Eisenschmieden Verwendung. Mit der Ausweitung des Handels, vor allem mit dem steigenden Bedarf an Metallwaren, und hier besonders an bergmännischen Geräten für die nahe gelegenen erzgebirgischen Bergreviere, stieg auch die Nachfrage nach Steinkohle. So kam es, daß sich um 1500, als sich zugleich die Anzahl der neu entdeckten Silbererzgänge um Schneeberg und im oberen Erzgebirge vergrößerte, auch bei Zwickau die Anzahl der Steinkohlengruben erhöhte.

Der Steinkohlenbergbau, der für das Wirtschaftsleben in Zwickau um 1500 schon eine gewisse Rolle spielte, war durch den Brand in Gefahr. Dieser Flözbrand, der sogar an der Erdoberfläche Schäden anrichtete, weckte vielleicht auch bei Georg Pawer das Interesse an den im Erdinnern vorgehenden Prozessen.

Aus einem überlieferten handgeschriebenen Lebenslauf seines Freundes Stephan Roth wissen wir, daß dieser nach zweijährigem Schulbesuch in Glauchau zwei weitere Jahre an der Lateinschule in Chemnitz verbrachte. In Chemnitz wurde neben Latein vor allem Griechisch gelehrt. Das geht aus einem Schulheft von Stephan Roth hervor. Auch Georg Pawer könnte die Schule hier in Chemnitz besucht haben. Doch einen Beweis gibt es dafür nicht. Georgs überdurchschnittlich gute Kenntnisse in Latein und Griechisch kamen ihm wenige Jahre später an der Universität Leipzig zugute. Sein sicheres Auftreten den Gelehrten seiner Zeit und den gleichaltrigen Angehörigen der Adelsklasse gegenüber lassen vermuten, daß er mit seinen Landesherren, den jungen Schönburgern, an weltlichen und kirchlichen Residenzen erzogen wurde und dort seine Bildung erfahren hat.

Sicher dagegen ist die Freundschaft zwischen Georg und Stephan Roth belegbar. In einem Brief an Stephan Roth vom 14. Januar 1532 erwähnt Georg "... die gegenseitige Zuneigung, die sich schon von der Kindheit an zwischen uns entwickelt hat ..." [17]. Sie könnte sich auf gemeinsam verbrachte Schuljahre in Glauchau oder einem anderen Ort beziehen, doch urkundlich belegbar ist ein Schulbesuch von Georg Pawer in einem anderen Ort als Glauchau nicht [18].

Wir besitzen noch einen Hinweis auf einen Aufenthalt Georgs außerhalb seiner Heimatstadt Glauchau. In seinem 1546 erschienenen Werk "De natura fossilium"(Die Minerale) schreibt er im Zusammenhang mit der Verwendung von Blei:

Mit Platten daraus (Blei) *werden Prachtbauten, Kirchen und Türme gedeckt. Wenigstens haben wir in Magdeburg vor 35 Jahren* (1511) *gesehen, wie die Bleiplatten, mit denen die Kirche des heiligen Johannes gedeckt war, wegen der Schwere gegen kupferne ausgewechselt wurden* [19].

Im Jahre 1511 weilte Wolf I. von Schönburg in Magdeburg.

So wenig wir auch über die Kindheit und den Schulbesuch Georg Pawers wissen, eines ist sicher belegbar: Als Zwanzigjähriger schreibt er sich im Sommersemester des Jahres 1514 in die Matrikel "de natione Misnensium" (Meißnische Nation) an der Leipziger Universität als "Georgius Pawer de Glauchaw" ein und wird Student der Leipziger Universität. Das belegt der Eintrag in das Matrikelbuch des Jahres 1514. Das Sommersemester begann nach dem Georgstag, dem 23. April 1514, dem Tag der Wahl von Nikolaus Apel von Königshofen zum Rektor der Leipziger Universität.

Damit begann für Georg Pawer ein neuer Lebensabschnitt. Nur selten ist er in späteren Jahren nach Glauchau zurückgekommen. Bekannt geworden ist er als Sohn dieser Stadt. Er hat sich selbst den Beinamen "aus Glauchau" gegeben und latinisierte ihn zusammen mit seinem Namen in "Georgij Agricolae Glacucij". Georg bekannte sich zu seinem Geburtsort, der Stadt Glauchau an der Zwickauer Mulde.

Auch in seinen späteren Werken findet man Hinweise auf seine Heimatstadt Glauchau. So beschreibt er im Zusammenhang mit der Darlegung unterschiedlicher Geschmacksrichtungen von Quellwasser ein unangenehm schmeckendes:

Solche finden sich auch in Glauchau (nicht nur im östlichen Wald, sondern auch) *im äußeren Mauergraben zur Rechten der Holzbrücke* (in Richtung Waldenburg) [20].

Diese Quelle, der Zappelborn, wurde im Jahre 1955 neu gefaßt und in Agricola-Quelle umbenannt.

Abb. 1: **Agricola-Denkmal**
In einem Park in der Nähe des Glauchauer Bahnhofes (nach einem Modell des Dresdener Bildhauers Rudolf Löhner in Bronze gegossen in Lauchhammer). Einweihung des Denkmales am 23. März 1958.

Abb. 2: **Schloß Forderglauchau - Haupteingang**
Erbaut von Ernst II. von Schönburg von 1527 bis 1534 durch Baumeister Andreas Günther auf dem Gelände der ehemaligen Vorburg Hinterglauchau im Stil der Frührenaissance.

Abb. 3: **Schoß Hinterglauchau - Blick vom Hof Schloß Forderglauchau**
Zwischen 1170 und 1180 auf einem Vorsprung des nach drei Seiten steil abfallenden Muldenhanges errichtet und Stammsitz des muldenländischen Adelsgeschlechtes von Schönburg. Georgius Agricola besuchte die Lateinschule im Schloß.

Abb. 4: **Ehemaliges Bergbaugebiet Ulrichsberg bei Wolkenburg/Zwikkauer Mulde**
Haldengebiet mit Resten der Bergbausiedlung aus der 2. Hälfte des 14. Jahrhunderts, ca. 10km nordöstlich von Glauchau gelegen.

Abb. 5: **Segen-Gottes-Erbstolln Uhlsdorf (1739 bis 1841)**
Eingang zum Besucherbergwerk des historischen Bergreviers am Ulrichsberg. Denkmalobjekt der Arbeitsgemeinschaft Altbergbau/Geologie Westsachsen e.V.

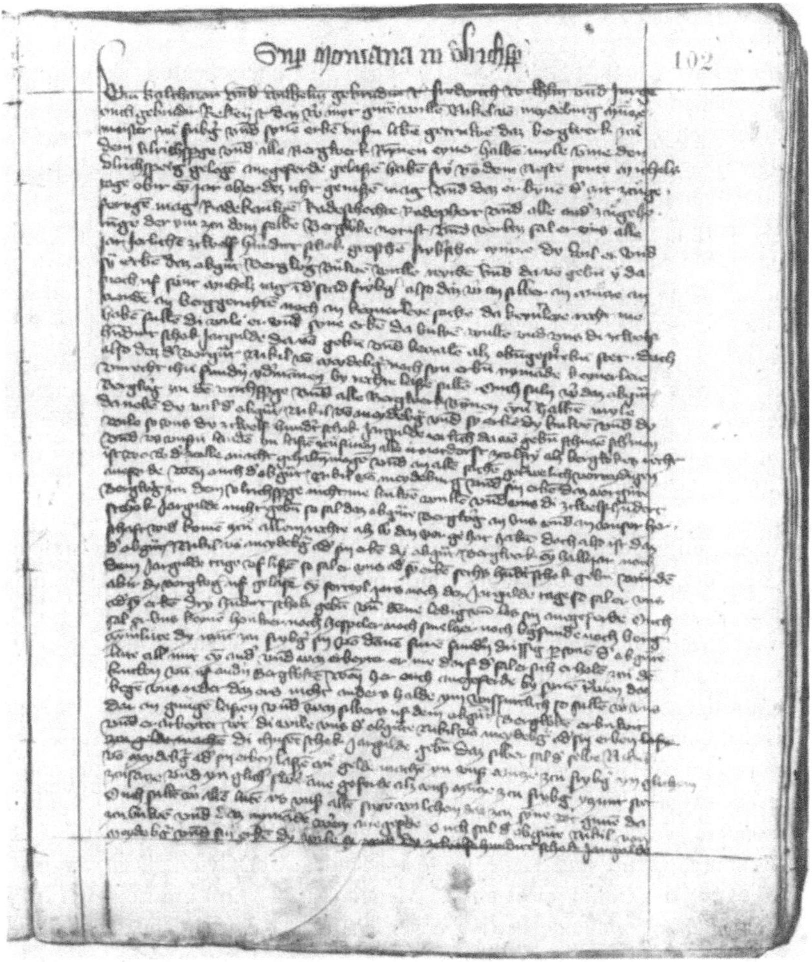

Abb. 6: Urkunde über den Verkauf des Bergwerkes auf dem Ulrichsberg bei Wolkenburg/Mulde aus dem Jahre 1390 (Auszug)
Die Markgrafen Balthasar und Wilhelm, Friedrich, Wilhelm und Georg überlassen dem Münzmeister zu Freiberg Nickel von Meideburg das Bergwerk zu dem Ulrichsberge und alle binnen einer halben Meile um dasselbe gelegenen Bergwerke wie auch das Bergwerk zum Bleiberge bei Frankenberg gegen eine jährliche Rente von 1 200 Schock Groschen. (Handschrift im Sächsischen Hauptstaatsarchiv Dresden Cop. 30, fol. 102, Dresden 1390)

Aufenthalt in Leipzig

Georg Pawer hatte bereits das 20. Lebensjahr überschritten, als er an der Universität Leipzig das Studium aufnahm[1]. Bereits im Sommersemester 1505 schrieb sich sein älterer Bruder Franz in die Studentenlisten ein, im Jahre 1514 folgte Georg und 1522, als Georg nochmals kurz in Leipzig weilte, studierte hier sein jüngerer Bruder Caspar.

Als Georg Pawer nach Leipzig kam, bestand die Universität seit mehr als 100 Jahren. Sie war im Dezember 1409 nach dem Vorbild anderer europäischer Universitäten gegründet worden und hatte in den ersten Jahrzehnten nach ihrer Gründung bereits einen guten Ruf. Günstig auf ihre Entwicklung wirkte auch das wirtschaftliche Aufblühen der Stadt: durch seine Lage im Herzogtum Sachsen war Leipzig bis Anfang des 16. Jahrhunderts zu einer bedeutenden Messestadt aufgestiegen. Hier kreuzten sich einige Fernhandelsstraßen, die Leipzig mit süddeutschen, west-, nord- und osteuropäischen sowie sächsischen Wirtschaftszentren verbanden [2].

In dieser Zeit hatte vor allem Nürnberg auf das Wirtschaftsleben Leipzigs großen Einfluß, denn als Handels- und Gewerbezentrum für Metallwaren und Waffen dehnten die Nürnberger Kaufleute ihren Handel über den Umschlagplatz Leipzig nach Polen und Rußland aus. So wurde Leipzig mit seinem weitverzweigten Handelsnetz für Nürnberger Kaufleute mehr und mehr zum Güterumschlag- und Stapelplatz und somit zunehmend reicher.

Begünstigend wirkten sich außerdem Leipzigs Privilegien aus: seit der Mitte des 15. Jahrhunderts wurden drei Handelsmessen (Oster-, Michaelis- und Neujahrsmesse) abgehalten, die insgesamt bis zu acht Wochen im Jahr dauerten. Hinzu kam, daß Kaiser Maximilian I. der Stadt in den Jahren 1497 und 1507 besondere Messeprivilegien verlieh, die zugleich den Handel in den Städten Naumburg, Erfurt und Halle weitestgehend ausschalteten: Das waren die Festlegung des Bannkreises auf 15 Meilen (ca. 112 km) um Leipzig (nur in Leipzig durfte Fernhandel betrieben werden) und das Stapelrecht, das heißt, daß alle durch Leipzig ziehenden Händler ihre Waren abladen, wiegen und an drei aufeinanderfolgenden Markttagen auf dem Markt anbieten mußten.

Mit der Gründung von Handelsniederlassungen (Faktoreien) ließen sich zwischen 1470 und 1550 in Leipzig 36 wohlhabende Kaufleute aus Nürnberg nieder, darunter bis 1514, dem Jahr der Immatrikulation Georgs an der Universität, allein 17. Diese Fernhändler der Metall-, Tuch-, Woll- und Leinenbranche investierten darüber hinaus recht erhebliche Summen ihres Kaufmannskapitals in das sächsische Gewerbe sowie in den erzgebirgischen Bergbau und in das Hüttenwesen.

Das wirtschaftliche Aufblühen der Handelsstadt Leipzig war für seine Bewohner voller Widersprüche. Diese äußerten sich zum Beispiel in zunehmenden Konflikten zwischen der Studentenschaft und den zahlenmäßig stark vertretenen Schuster- und Kürschnergesellen sowie den Stadtknechten. Aber auch an der Universität selbst zeigten sie sich in einer Opposition der Studentenschaft gegen den Lehrbetrieb. Während die Universität bei ihrer Gründung im Jahre 1409 ganz dem Bildungsstreben ihrer Zeit entsprach, machte sich um 1500 eine zunehmende Ablehnung bei den Studenten gegen den überlieferten Lehrbetrieb bemerkbar. Sie legten die halbmönchische Kleidung ab und kleideten sich weltlicher in bunten modischen Stoffen. Desweiteren trugen sie Degen und Waffen mit der Begründung, dadurch besser gegen die ebenfalls waffentragenden Handwerker gerüstet zu sein. Viele verließen die Bursen (Wohn-, Lehr- und Lerngemeinschaften) und suchten sich Unterkunft in der Stadt. Auch nahmen sie immer zahlreicher ihr Essen in der "mensa communi" ein, einer Einrichtung, die mit Reformen im Jahre 1502 als "gemeiner Tisch" für arme Studenten eingerichtet worden war.
Die zunehmende Weltaufgeschlossenheit der Studenten und das starre Festhalten an den Formen des herkömmlichen Universitätsbetriebes führten nicht nur zu Konflikten zwischen dem Lehrkörper und den Studenten, sondern zu einer tiefen Krise in der Ausbildung an der Universität selbst: Auch wenn der Humanismus sich in den ersten zwei Jahrzehnten durch solche bekannten Gelehrten wie Conrad Celtes, Richard Crocus, Hermann Buschius und Petrus Mosellanus an der Universität vorübergehend behaupten konnte, trat trotzdem ein starker Verfall in der Ausbildung ein, der sich in einem Rückgang der Studentenzahlen, in der geringen Anzahl der Promotionen sowie in der Besetzung der Lehrstühle mit wenig bekannten Professoren zeigte. Außerdem war der sächsische Landesherr, Herzog Georg, ein Gegner jeglicher Veränderungen an der Universität. Das veranlaßte viele Studenten, an die erst 1502 im ernestinischen Sachsen gegründete Universität Wittenberg zu wechseln. Hier vertraten Martin Luther und Philipp Melanchthon neue Auffassungen in Religionsfragen und gestalteten die Universität durch Reformen im humanistischen Sinne um. Hinzu kam, daß sich mit dem wirtschaftlichen Aufblühen Leipzigs als Messestadt und durch die gewinnbringende Beteiligung vieler Bürger am erzgebirgischen Bergbau die allgemeine Lebenslage verteuerte und zahlreiche Studenten auch deshalb abwanderten. Außerdem nahmen die Auseinandersetzungen zwischen Studenten und Bürgerschaft infolge von Unstimmigkeiten zwischen der Universitätsleitung und dem Rat der Stadt Leipzig zu.
Als Georg Pawer sich im April 1514 entsprechend der territorialen Lage seines Heimatortes in die "Meißnische Nation" der Universität einschrieb, besuchte er

zunächst die Artistenfakultät. Jeder Student mußte vor dem eigentlichen Fachstudium, das in den vier Fakultäten Medizin, Theologie, Jura und Philosophie möglich war, noch das an die Regeln der Burse gebundene "studium generale", die Artistenfakultät, absolvieren. Dazu wählte er sich für mindestens ein Semester einen Magister (Lehrer) seiner "Nation" und studierte die "septem artes liberales", d.h. die Fächer Grammatik, Logik, Rhetorik, die zusammen das "Trivium"ergaben, sowie Mathematik, Physik, Astronomie und Musik, die das "Quadrivium" und alle zusammen die "Sieben freien Künste" bildeten. Ein Wesenszug des Studiums in dieser Zeit war, daß man sich nach dem Motto "ad fontes" (zurück zu den Quellen) den Werken antiker Gelehrter in lateinischer und griechischer Sprache zuwandte und sie im Orginaltext las.
Georg Pawer verfügte bereits bei Studienbeginn über gute Grundkenntnisse in Latein und Griechisch. Dadurch konnte er schon am 4. September 1515 bei dem Magister Peter Neuenborgh das zweite Baccalaureus-Examen ablegen [3]. Er muß sich offensichtlich mit diesem akademischen Grad zufriedengegeben haben, denn eine Einschreibung in das Fachstudium an einer der anderen Fakultäten ist nicht nachweisbar [4]. Mit dem Erwerb des Grades des "baccalaureus" änderte Georg Pawer auch seinen Namen: er nannte sich nun "Georgius Agricola aus Glauchensis".
Als Baccalaureus verfügte Georgius Agricola über die Lehrberechtigung an Schulen und an der Artistenfakultät. Er betreute Studenten, die oft schon in recht jungen Jahren an die Universität geschickt wurden. Darunter waren auch Studenten aus dem Rheinland, vielleicht aus dem Erzbistum Mainz [5]. Bekannt ist, daß Georgius Agricola "Lehrer in der griechischen Literatur war" [6]. Er wird die Vorlesungen des Engländers Richard Crocus unterstützt haben. Richard Crocus kam 1514 als Professor für Griechisch nach Leipzig, nachdem er zuvor in Paris Erasmus von Rotterdam kennen und schätzen gelernt hatte. Als Schüler von Erasmus, diesem bedeutenden Humanisten seiner Zeit, trug Crocus auch dessen Gedankengut nach Leipzig und gab es hier in den damals üblichen Disputationen an seine Schüler weiter. Georgius Agricola studierte bei ihm Griechisch, möglicherweise auch noch die englische Sprache, deren Kenntnis ihm bei seinem späteren Aufenthalt in Italien und bei der Zusammenarbeit mit englischen Gelehrten sehr zugute kam.
Richard Crocus war bei den Studenten sehr beliebt. Von 1515 bis 1517 hielt er Vorlesungen über griechische Grammatik und Literatur an der philosophischen Fakultät, die im "Roten Kolleg" in der Ritterstraße untergebracht war. Das Gebäude war erst 1511/12 vom Leipziger Rat errichtet worden. Es erhielt seinen Namen durch das Backsteinmauerwerk und durch die aus rotem Rochlitzer Porphyr hergestellten Tür- und Fenstereinfassungen. Im Jahre 1517 kehrte

Crocus nach England zurück und wurde an der Universität Cambridge Nachfolger von Erasmus von Rotterdam [7].
Aus späteren Briefen seiner zahlreichen Freunde ist bekannt, daß sich Georgius Agricola in Leipzig philosophischen und philologischen Studien bei dem schon erwähnten Richard Crocus und bei Petrus Mosellanus widmete. Neben Richard Crocus wirkte dieser ab 1515 an der Leipziger Universität als Professor für Griechisch und Latein. Er stammte aus Bruttig an der Mosel und hieß eigentlich Peter Schade. Im Jahr 1515 unterrichtete Mosellanus zunächst für etwa neun Monate in der bedeutenden Bergstadt Freiberg/Sachsen an der neugegründeten Stadtschule und nahm noch im gleichen Jahr eine Berufung nach Leipzig an. Er war ein ausgezeichneter Pädagoge und, wie Richard Crocus, ein Anhänger der Ideen von Erasmus von Rotterdam. Mosellanus hielt seine Studenten zu einem geregelten Leben an und wollte damit dem allgemeinen Verfall der studentischen Sitten entgegenwirken: ein Drittel des Tages wurde der Wissenschaft, ein Drittel der Erholung und das letzte Drittel dem Schlaf gewidmet. Der Anteil des Tages, welcher der Wissenschaft zukam, sollte dabei so nützlich wie möglich gestaltet sein. Die Studenten durften nicht zu viel "collegia" belegen, höchstens zwei bis drei täglich, dafür aber mußten sie zu Hause um so fleißiger studieren. Diese strenge Tageseinteilung eignete sich Georgius in Leipzig an und behielt sie sein Leben lang bei. Später gab er sie an seine Schüler weiter.
Petrus Mosellanus und Georgius Agricola waren fast gleichaltrig. Beide verband eine enge Freundschaft, die Georgius Lebensweg mitprägte.
Mit der Berufung und dem Wirken der beiden Professoren Crocus und Mosellanus hatte auch der Humanismus an der Leipziger Universität in den ersten Jahrzehnten des 16. Jahrhunderts seinen Höhepunkt erreicht und prägte die Geisteshaltung der Studenten nachhaltig. Noch eine andere geistige Strömung beeinflußte in diesen Jahren die Studenten in Leipzig: die von der benachbarten Universität in Wittenberg ausgehende Reformation der Kirche.
In Wittenberg, seiner Residenzstadt, hatte Kurfürst Friedrich III. (der Weise) im Jahre 1502 eine neue Universität gegründet. Das war erforderlich, weil durch die wettinische Landesteilung von 1485 die Universität Leipzig zum albertinischen Herzogtum Sachsen gefallen war und das ernestinische Kurfürstentum Sachsen unter Kurfürst Friedrich III. zur Festigung seiner Macht dringend Beamte, Theologen und Mediziner brauchte. Diese Bildungsstätte, die in ihren Anfangsjahren zunächst nur sehr wenig Studenten immatrikulierte, entwickelte sich infolge der Förderung durch den Kurfürsten sehr schnell zu einer der Universitäten, die den neuesten geistigen Strömungen gegenüber aufgeschlossen waren. Hier hatte unter anderem Martin Luther seit 1510 eine theologische Professur inne, eine "lectura in biblia". In den folgenden Jahren

übernahm Luther verschiedene kirchliche Ämter und Funktionen an der Universität, die ihm vor allem einen tieferen Einblick in die Kirchenpraxis gewährten und seine kritische Haltung zur dogmatischen Auslegung der Bibel immer mehr festigten. Mit der Versendung seiner 95 Thesen gegen Ablaßhandel und Mißstände in der Kirche am 31. Oktober 1517 an den Erzbischof in Mainz und an seinen unmittelbaren Vorgesetzten, den Bischof Hieronymus Schultz von Brandenburg, erreichte diese Haltung einen Höhepunkt [8]. Luthers Tat fand in allen Bevölkerungsschichten schnell Anklang. Sie löste eine antirömische Bewegung aus, die mit ihren Forderungen nach Beseitigung der offenkundigen Mißstände und Überspitzungen in religiösen und kirchlichen Angelegenheiten einem allgemeinen Bedürfnis der Zeit entsprach. Das war der Beginn der Reformation und der Bewegung, die zusammen mit den städtischen Aufständen und dem Bauernkrieg zur frühbürgerlichen Revolution in Deutschland führte [9]. Zweifellos hat die unmittelbare Nähe der beiden Städte Leipzig und Wittenberg dazu beigetragen, daß die Leipziger Studenten von Luthers Sendschreiben sofort unterrichtet waren. Die Vorgänge in Wittenberg wurden sicherlich unter den Studenten in Leipzig sehr ausführlich diskutiert. Nicht nur die reformatorischen Veränderungen der Kirche nahmen ihren Ausgangspunkt in Wittenberg. An der Universität wurde zu dieser Zeit auch eine Reorganisation der Lehr- und Lernmethoden begonnen. Das Grundanliegen dieser Veränderung basierte auf der humanistischen Weltauffassung und entsprach Forderungen und Vorschlägen der Professoren der Universität. Die maßgeblichen Vertreter der Reorganisation waren Martin Luther und Philipp Melanchthon.

Melanchthon, ein Neffe des bedeutenden Humanisten Reuchlin, war 1518 an die Universität Wittenberg berufen worden. Schon in seiner Antrittsrede vom 29. August 1518 forderte er die Ausbildung der Jugend für alle Bereiche des irdischen Lebens und stellte sich damit gegen die scholastische Lehre. In einem Programm zur Umgestaltung der Ausbildung äußerte er unter anderem die Auffassung, daß außer den Sprachen des klassischen Altertums Latein, Griechisch und Hebräisch auch naturwissenschaftliche Erkenntnisse an den Universitäten vermittelt werden sollten. Solche Gedanken wurden nicht nur an der Universität Wittenberg begeistert aufgenommen und umgesetzt (bis 1521 war die Umgestaltung der Artistenfakultät abgeschlossen). Sie begeisterten auch Professoren und Studenten an anderen Universitäten. Selbst Petrus Mosellanus bewarb sich beispielsweise daraufhin 1518 um eine Professur des Griechischen an der Universität Wittenberg. Bei der engen Freundschaft zwischen Mosellanus und Agricola dürfte auch Georg auf das beste über die Reorganisation der Wittenberger Universität informiert worden sein.

Während Georgius Agricolas Aufenthalt zwischen 1514 und 1517 in Leipzig waren auch Stephan Roth aus Zwickau, Valentin Hertel aus Glauchau, Julius von Pflug aus Pegau bei Leipzig, Georg von Komerstadt aus Meißen, Joachim Camerarius aus Bamberg [10] und Caspar Cruciger aus Leipzig Schüler bei Petrus Mosellanus. Alle verband eine enge und herzliche Freundschaft, die sich in den späteren Jahren noch bewähren sollte. Hier in Leipzig lernte Agricola auch Johannes Neefe aus Chemnitz kennen, der seinen Namen später in Naevius latinisierte und der gemeinsam mit Georgius Agricola in Italien studierte. Auch Andreas von Könneritz studierte zu dieser Zeit in Leipzig, einer der sechs Söhne des Joachimsthaler Berghauptmannes, dem Agricola in späteren Jahren den Kontakt zu Erasmus von Rotterdam verdankten sollte.

Schulmeister der Stadtschule in Zwickau

Stephan Roth verließ als erster der Freunde im Jahre 1517 Leipzig und ging in seine Heimatstadt Zwickau zurück. Der dortige Rat hatte ihm die Leitung der städtischen Lateinschule angetragen. Mit dieser Berufung zum Schulmeister wird der Zwickauer Rat auch Erwartungen an Stephan Roth verbunden haben, denn die Schule bedurfte dringend einer Reorganisation. Den Ernst der Situation um die Zwickauer Lateinschule zeigte das Verhalten von Roths Onkel, des Priesters Peter Drechsel, der selber von 1501 bis 1503 Schulmeister in Zwickau war. Er riet seinem Neffen von der Übernahme des Schulmeisteramters ab und empfahl ihm ein weiteres Studium in Leipzig mit der Begründung, daß alle seine Vorgänger nur kurze Zeit an der Schule gewesen waren (in der Tat hatte von 1500 bis 1517 die Schulmeisterstelle mindestens siebenmal gewechselt), daß sich die Entlohnung des Schulmeisters verschlechtert habe und daß die Tätigkeit schwerer geworden sei. Die Übernahme der Schulleitung muß wirklich eine schwierige Aufgabe gewesen sein, denn die Beschwerden der Bürgerschaft über die Schule häuften sich: Häufiger Wechsel der Schulmeister, schlechte Disziplin auf Seiten der Schüler und Züchtigungsmethoden der Lehrer gaben den Eltern Anlaß zur Kritik [1].
Stephan Roth versuchte, fähige Lehrer (Magister) und "einen Baccalaureus, der singen kann", an seine Schule zu bekommen. In einem Brief fragte er im November 1517 bei Georgius Agricola und Oswald Lasan (einem Zwickauer Studenten) in Leipzig an, ob sie ihm einen geeigneten Lehrer empfehlen könnten. Agricola muß zu diesem Zeitpunkt dem Zwickauer Rat schon seine Zustimmung als stellvertretender Schulmeister, als "supremus" der Zwickauer Lateinschule, gegeben haben, denn er schreibt Anfang Dezember 1517 an Roth:

Deinen Brief, hochgelehrter Magister, haben ich und Oswald am 1. Dezember erhalten ... (Ich werde) *noch in den nächsten Wochen des Geburtstages des Herrn* (Weihnachten) *bei Dir sein ... Denn ich halte er für unschicklich und für etwas, was Eurem Rate sehr mißfallen würde, daß Du ohne den bist, der nach Dir in der Schule der zweite ist.*
Lebe wohl, bester der Freunde!
Dein Georgius Agricola
künftiger "supremus".

Als Nachsatz bringt dann Georgius Agricola noch eine Nachricht an, die über seine Tätigkeit in Leipzig Auskunft gibt:

Ich wäre schon vor Wochen gekommen, wenn ich mich nicht mit einer griechischen Vorlesung über Theodorus belastet hätte. Denn da ich Gelder schon bekommen habe, wäre es gemein, die Last selbst abzuwerfen [2].

Diesem Schreiben zufolge hatte Agricola also noch Lehrverpflichtungen in Leipzig und ging erst zum Jahreswechsel 1517/18 nach Zwickau. Im Januar und Februar 1518 läßt der Leipziger Student Caspar Cruciger in Briefen an Stephan Roth Grüße an Georgius Agricola bestellen. Demnach war Agricola also schon seit Anfang 1518 stellvertretender Schulmeister und damit im Schuldienst tätig. Durch Vorträge über griechische Literatur hatte Agricola, nur zwei Jahre jünger als Stephan Roth, schon bald nach dem Antritt des Schuldienstes die Bewunderung der akademisch gebildeten Bürger Zwickaus wie der Ärzte und Geistlichen auf sich gezogen. Das galt vor allem für die fünf Ratsmitglieder, die in Leipzig die Universität absolviert hatten (Erasmus Stella, Laurentius Bärensprung, Caspar Zorn, Burkhard Baldauf und Veit Lasan) [3]. Durch diese über griechische Literatur, und nicht - wie häufig interpretiert wird - in griechischer Sprache gehaltenen Vorträge, hatte sich Agricola sehr schnell einen guten Namen erworben. Im Jahre 1518 beschloß der Rat deshalb, eine neue, eine Griechisch-Schule, zu eröffnen. Im Protokoll der Ratssitzung vom 9. Dezember 1518 heißt es :

Neue Schule für unsere Stadtkinder. Es ist beschlossen, daß man dem Baccalaureus die neue Schule für die Stadtkinder zugesagt und daß ihm 20 Gulden jährlich vom Rat gezahlt werden, diese 20 Gulden werden teils vom Rat teils aus einem Stipendium gezahlt. Man soll auch mit dem Baccalaureus darüber reden und verhandeln, was man für einen Knaben an Schulgeld für ein Jahr oder ein halbes nehmen werde [4].

Bereits am 18. Februar 1519 wurde die Griechisch-Schule eröffnet. Agricola war ihr erster Schulmeister. Stephan Roth blieb weiterhin mit der Leitung der "alten", der Lateinschule, betraut.

Schon im Vorfeld dieser offiziellen Schulgründung hatten Georgius Agricola und Hieronymus Noppus (beide lehrten sie Griechisch) den Schülern bis Fastnacht 1519 so viele Kenntnisse in griechischer Sprache vermittelt, daß sie die Bürger der Stadt mit einer Komödie in dieser Sprache erfreuen konnten.

Wann die Zwickauer Schüler mit solchen Theateraufführungen erstmals an die Öffentlichkeit traten, läßt sich nicht ermitteln. Verbürgt ist, daß Stephan Roth ein Jahr zuvor von Herzog Johann, dem späteren Kurfürsten (er residierte seit Herbst 1517 im Schloß Osterstein in Zwickau, weil in Weimar die Pest ausgebrochen war), den Auftrag erhielt, in der Fastnacht-Woche (ab 16. Februar

1518) anläßlich eines großen einwöchigen Turniers mit seinen Schülern eine griechische Komödie aufzuführen. Dazu hatten viele Fürsten, Grafen und Herren, darunter auch Ernst II. von Schönburg, eine Einladung erhalten [5]. Es wurde ein großer Erfolg. Auch in den nächsten Jahren wurden, solange Agricola in Zwickau weilte, zur Fastnachtszeit derartige Spiele aufgeführt.

Agricola hatte eigene Vorstellungen über das Unterrichten und Lernen an dieser "schola graeca". So machte er den Vorschlag, eine Schulkommission aus zwei Ratsmitgliedern und Dr. Stella zu bilden. Dr. Stella war Stadtarzt, kurfürstlicher Leibarzt und ehemaliger Bürgermeister. Er hatte sich sehr für die Gründung der Griechisch-Schule eingesetzt und sich darüber auch mit Petrus Mosellanus beraten. Der Zwickauer Rat genehmigte diesen Vorschlag am 16. April 1519 und trug Dr. Stella das Amt des Vorsitzenden, des "obersten superintendenten", an. Zu den Aufgaben der Schulkommission gehörten vor allem Entscheidungen über die Zulassung der Knaben zur Griechisch-Schule und über die Befreiung vom Schulgeld. Das Schulgeld und seine Höhe waren bereits an der Lateinschule ein immerwährendes Streitobjekt zwischen den Eltern und dem Rat gewesen; sie blieben es auch an der neuen Schule. Schon im September 1519 beschwerten sich die Tuchmacher und meinten, zwei Gulden Schulgeld für einen Knaben wären entschieden zu viel. Die Gemeinde schloß sich dieser Forderung an. Die Schuster brachten außerdem als Begründung vor, daß "zwei Gulden im Jahr zu viel sei, da man die Knaben nicht mal das Singen lehre" [6].

Agricola hatte mit den von ihm erarbeiteten Lehr- und Stundenplänen, die ebenfalls auf der Sitzung des Rates am 16. April 1519 bestätigt wurden, neue, eigene Vorstellungen über die Ausbildung der Knaben durchgesetzt. Singen im Chor und das Auftreten der Knaben in Gottesdiensten waren bisher ein Hauptzweck der Schulausbildung gewesen. Hatte Agricola den Ausbildungsplan so sehr verändert, daß die Eltern diese Änderungen nicht mehr verstanden? Als sicher können wir annehmen, daß ein junger Lehrer, der von so vorzüglichen Pädagogen wie Richard Crocus und Petrus Mosellanus unterrichtet worden war und sich während seiner Studienzeit mit den pädagogischen Auffassungen von Erasmus von Rotterdam auseinander gesetzt hatte, mit bestimmten eigenen Vorstellungen über die Aufgaben des Lehrers an einer Stadtschule sein Lehramt übernahm. Sicherlich wollte er auch Unzulänglichkeiten des Unterrichtes, die er während der eigenen Kindheit erfuhr, durch die Einführung neuer Lehr- und Lernprinzipien überwinden.

Das mag für Agricola ein Grund gewesen sein, ein Lehrbuch "Büchlein vom einfachen grammatischen Anfangsunterricht" für die lateinische Sprache (Libellus de prima ac simplici institutione grammatica) zu schreiben, obgleich er ja die Leitung einer Griechischschule hatte. Diese pädagogische Schrift ist bemerkenswert, denn sie unterscheidet sich in der Art der Vermittlung von Grundkenntnissen des Latein von den damals gebräuchlichen Lehrbüchern und Lehrmethoden. In der Einleitung, dem Widmungsschreiben, legt Agricola seine grundsätzlichen Auffassungen über die Aufgaben und die Verantwortung des Lehrers dar. Er schreibt:

Daß nämlich die Jungen tüchtig werden oder untüchtig, daß liegt nicht wenig am Lehrer und insofern an der ersten Erziehung. Mögen also die Lehrer sehen, wie groß die Verantwortung ist, die auf ihnen lastet. Unter ihrer Obhut werden ja die Lenker fast der ganzen Welt aufgezogen. Denn aus den Schulen gehen führende Männer jeder Art hervor. Es gehen daraus auch hervor die Prediger, von denen es sicherlich weitgehend abhängt, daß das Volk christlich lebt oder unfromm [7].

Die Erziehung der Kinder zu Frömmigkeit sieht er, wie es damals üblich war, als eine wichtige Aufgabe an. Agricola sah jedoch nicht nur einen Zusammenhang zwischen der Erziehung der Kinder zur Frömmigkeit und dem Alter der Schüler: er wollte auch das zu vermittelnde Wissen in Beziehung zur Religion und zu den Ereignissen der Zeit sowie den religiösen Auseinandersetzungen sehen:

Man hätte mit derselben Mühe uns die Lehren Christi auswendig lernen lassen können, mit der man es mit den allerüberflüssigsten Lächerlichkeiten tat. Aber mag auch das meinetwegen jemand der Ungunst der Zeiten zurechnen, wenn sie nur jetzt wieder zu Verstande kämen und Christus zusammen mit den Wissenschaften lehrten [8].

Der Lehrer sollte seiner Meinung nach "... nicht nur eine beträchtliche Bildung" besitzen, "sondern auch einen untadeligen Lebenswandel" aufweisen und den Unterricht so gestalten, daß er den Schülern die lateinische Aussprache in Deutsch erklären und auf ihre "nichtbäuerliche" Aussprache achten könne.
Damit entwickelte Agricola eine eigene, für die damalige Zeit neue Methode zum Erlernen der lateinischen Sprache in folgenden Schritten: Nach dem Erlernen der Buchstaben erläutert er die Silben. Dann gibt er einfachen Lesetext vor und schließlich "acht Redeteile" (die Grammatik) mit Übungsbeispielen. Das Büchlein hat rein äußerlich dafür eine besondere Einteilung der Seiten: der breite Rand ist für Notizen der Schüler gedacht und enthält außerdem Vermerke, die sich entweder an den Schüler oder an den Lehrer richten. Besonders wichtige Stellen sind im Text durch Fettdruck gekennzeichnet. Agricola schreibt dazu:

Damit nämlich ein schlichter und richtiger Unterricht gesichert wird, wird nicht nur dem Jungen vorgeschrieben werden müssen, was er lernen wird, sondern auch gleich danach der Lehrer erinnert werden müssen, auf welche Weise er weitergibt, was die Jungen lernen müssen [9].

Körperliche Züchtigung der Schüler war damals üblich. Agricola äußerte sich darüber:

Ich kann mich nicht enthalten, auf jede Weise jene ganz schlechte, ja, ganz grausame Art zu tadeln, auf die heute manche "schlagfreudigen Orbilier" (Schultyrannen beim römischen Dichter Horaz) *stolz sind, die so gegen die Jungen wüten, als ob sie eine Herrschaft gegenüber Tieren auszuüben hätten, in oft mehr als unmenschlicher Weise. Wer weiß nicht, daß unter diesen Folterknechten - das ist richtiger als Lehrer - viele ihre Seelen ausgehaucht haben? Mir ist* (so etwas) *daher oft nicht als Schule, sondern als blutigste Marterstätte erschienen. Man kann sehen, daß beim Anblick eines solchen Tyrannen die Schar der Schüler oft so angstvoll dasitzt, daß sie kaum ihrer mächtig, geschweige den munteren Geist haben, den die Studien verlangen.*

An die Lehrer gewandt, sagt er weiter:

Ich will, daß ein Junge geschlagen wird, aber nicht, damit du deinen mehr als tyrannischen Stimmungen dienst, sondern gelassen und mitfühlend, schließlich in der Gesinnung eines Lehrers und Vaters, nicht eines Henkers und Folterknechtes ... Doch was tadle ich? Du verstehst, natürlich jene ganz wütende Tyrannis, mit der sie nach Willkür die Jungen schlagen. Und niemals wird mir das gefallen können, daß sie, sogar wenn sie das 20. Jahr überschritten haben, das Hinterteil - oh Schande! - für Schläge zu entblößen gezwungen werden! [10]

Diese Zustände müssen damals keineswegs eine Ausnahme gewesen sein, sonst hätte Agricola sie gewiß nicht in sein Büchlein aufgenommen! Als Lesetext verwendet er das Vaterunser. Durch die Darlegung seiner Erziehungsprinzipien und die Aufgaben des Lehrers zeigt sich Agricola als Anhänger der humanistischen Ideen von Erasmus von Rotterdam. In keinem seiner späteren Werke ist das so eindeutig wie in diesem! Unverkennbar ist auch, daß Agricola das Buch seines Lehrers und Freundes Petrus Mosellanus "Paedologia", das 1518 erschienen war, kannte und sich in seinen Auffassungen stark an dieses Werk anlehnte.

Nachdem Agricola sein grammatikalisches Lehrbüchlein im Mai 1520 abgeschlossen hatte, schickte er es nach Leipzig an Petrus Mosellanus zur Begutachtung und Vermittlung an einen Verlag. Schon am 31. Mai übersandte Mosellanus folgende Einschätzung mit einigen Änderungsvorschlägen, wie Lehrer und Freunde es ja gerne machen:

Jetzt hör zu Deiner Arbeit folgendes (Urteil)*: Sie gefällt mir außerordentlich; es sind jedoch darin eine Reihe für die lateinische Sprache mehr gezwungene als natürliche Ausdrücke. Wenn ich sie nach meinem Gutdünken ändere oder mildere, denke ich, wirst Du nicht böse sein. Wo Du im übrigen nach meinem Urteil ein Ganzes zu Werke gebracht hast. Unser Buchdrucker Lother hat, wie man sagt, mit offenen Händen das Büchlein zum Druck mit seinen Typen angenommen, doch sind die dafür geeigneten Typen noch nicht frei, so daß ich keine Hoffnung habe, daß das Büchlein zum Fest der heiligen Dreieinigkeit* (Sonntag nach Pfingsten, 1520 am 3. Juni) *zum Verkauf kommen kann ... Doch auch das habe ich mir Dir gegenüber erlaubt, daß Du statt künftig "Glauchanus" für uns "Glauchius" bist! Denn dies scheint mir weniger hart zu klingen...* [11].

Das Büchlein erschien im Herbst 1520. Agricola plante, daß "...auf dies(es) Büchlein in Kürze ein anders folgen ..." wird, in dem er

... die Fehler, die in den Schulen eingerissen sind, mit den Wurzeln auszureißen (sich vornimmt), *und umgekehrt, die besten Gewohnheiten, die nicht ohne größeren Nachteil für die Lernenden vernachlässigt gewesen sind und danieder gelegen haben,* (aufnehmen wird) [12].

Über dieses Buch ist nichts bekannt geworden. Agricola muß jedoch einen Entwurf eines Lehrbuchs für Griechisch geschrieben haben, denn am 8. März 1522 schreibt Jacob Camitianus, von 1520 bis 1522 Kantor an der Zwickauer Schule, an Stephan Roth:"... die Rudimenta Graeca Agricolas bekommst Du mit dem nächsten Boten ...".
Die Trennung der Schülerschaft der Stadt und ihre Unterrichtung in zwei Schulen bewährte sich nicht. Sie wurden im November 1520 zu einer "Schule der Stadtkinder", zu einer Griechisch-lateinischen Stadtschule, vereinigt. Bis zum Umzug in das Gebäude der Lateinschule blieben sie jedoch in getrennten Häusern. Auch für die neue Schule, die Stadtschule, erarbeitet Agricola den Lehrplan, der auf der Ratssitzung vom 4. Februar 1521 gebilligt wurde. Die Zwickauer Stadtschule erhielt damit zugleich ein ganz neues Profil in Form einer neuen Schulordnung. Diese Schulordnung ist nicht erhalten geblieben. Es ist aber bekannt, daß die Nathersche Schulordnung aus dem Jahre 1523 im wesentlichen auf der von Agricola ausgearbeiteten fußt, ja, daß diese eigentlich Agricolas Werk ist.

Nach Agricolas Vorstellungen wurden den älteren Schülern Kenntnisse über "... Ackergebäude, Jägerei, Fischerei, Weberei, Baumeisterei, Kaufmannschaft, Arznei, Kriegsführung, kunstreiches Rechnen, Visierung oder Messung aller Höhen, Dicken und Tiefen" [13] vermittelt. Damit hatte Agricola die Schule ihrer bis dahin als Hauptzweck angesehenen Aufgabe beraubt: Als Instrument des Kirchendienstes war sie nicht mehr brauchbar. Den fehlenden Gesangsunterricht hatten die Eltern ja schon bemängelt. Agricola sah seine Aufgabe als Schulmeister darin, durch neue Lehrfächer, vergleichbar etwa mit der Reorganisation der Wittenberger Artistenfakultät (über deren Veränderungen er durch Mosellanus unterrichtet worden sein wird), der Jugend Kenntnisse für das Leben, für ihre spätere Tätigkeit zu vermitteln. Mit seinen neuen Lehrfächern entkleidete er die Schule nicht nur durch die "Vernachlässigung des Musikunterrichtes" ihrer auf kirchliche Liturgie orientierten Wurzeln, sondern gestaltete sie ganz im Sinne der Humanisten, vor allem der Ideen von Erasmus von Rotterdam und Philipp Melanchthon, um. Er wollte diese "weltlichen Fächer", die er einzuführen gedachte, durch den Stadtarzt lehren lassen und setzte sich dafür ein, daß bedeutende und gebildete, zumeist noch sehr junge Männer nach Zwickau kamen und bereits dort ansässige auch weiterhin lehrten. So konnte er zum Beispiel Johannes Rivius ab 1520 als Lehrer für Latein gewinnen [14]. Der schon genannte Jakob Heinrich Camitianus wurde Kantor. Hieronymus Noppus bekam ein Anstellung als Griechischlehrer und ab 1519 kam August Förster als Lehrer für Hebräisch hinzu. Auch Valentin Hertel, seinen Glauchauer Freund, vermittelte Agricola ab 1522 an die Zwickauer Schule.
Solche Veränderungen, wie Agricola sie um 1520 an der Zwickauer Stadtschule durchführte, waren gravierend! Ja, sie waren in einer Zeit, wo die Studentenzahlen an den deutschen Universitäten (zum Beispiel Leipzig und Erfurt) zurückgingen, geradezu ein Wagnis! Auch Agricola fand bei der Bürgerschaft der Stadt viel Unverständnis für seine Veränderungen an der Schule. Er hatte mit wenig beruflicher Erfahrung die Stadtschule nach dem Vorbild der Reorganisation humanistischer Universitäten in eine Schule mit hohem Bildungsniveau umgestaltet und dabei für seine Zeit völlig neue Wege in der Schulausbildung und Unterrichtsmethodik gesucht und beschritten. Durch die Aufnahme der genannten, auf Handwerk und Handel bezogenen Lehrgebiete in den Unterrichtsplan war er seiner Zeit weit voraus. Seine Leistungen und Erfolge sind nur durch die Unterstützung gebildeter, wirtschaftlich und politisch aufgeschlossener Ratsmitglieder möglich gewesen.

Die Dinge der Schulreform wurden offenbar auch als Ausfluß der in Zwickau kurz vor dem endgültigen Erfolg stehenden lutherischen Bewegung teils verabscheut und bekämpft, teils auf das lebhafteste begrüßt. Daß damit von beiden Parteien die Absichten Agricolas und sicher eines Teils der Ratsmitglieder auf die Schaffung einer reinen Gelehrtenschule, einer kirchenfreien Schule, verkannt wurden, dürfte einleuchten. In den kritischen Tagen des Frühjahrs 1521 drohte die Schulfrage geradezu mit zum Zündstoff eines Aufruhrs in der Bürgerschaft zu werden [15].

Dieses Zitat weist auf die kritische Situation in Zwickau 1521 hin, die noch durch die 1520 und 1521 grassierende Pest verstärkt wurde.
Im Jahre 1520 besuchte Theophastus Bombastus von Hohenheim (genannt Paracelsus) von Leipzig kommend, Zwickau. Dieser berühmte Arzt, Pharmazeut und Reformator der deutschen Medizin, der fast gleichaltrig mit Georgius Agricola war, befand sich auf einer Wanderung durch Europa. In Leipzig suchte er den berühmten Leibarzt des Erzbischofs von Magdeburg und Mainz auf, den Dekan der medizinischen Fakultät der Universität Dr. Heinrich Stromer. Dieser gab ihm ein Empfehlungsschreiben für Zwickau. Es könnte an Georgius Agricola gerichtet gewesen sein, denn er und Heinrich von Stromer kannten sich. Paracelsus interessierten die brennenden Steinkohlenflöze in Zwickau, die er auch später in seinem Buch "Von der Bergsucht oder Bergkrankheiten" erwähnt [16], [17].
Zwickau war und blieb auch während der vier Jahre, die Agricola hier verbrachte, Versorgungszentrum der obererzgebirgischen neu gegründeten Bergreviere. Ein Teil der Bürger hatte sein Vermögen gewinnbringend im Silbererzbergbau angelegt, ein anderer Teil wurde reich als Verleger (im Textilgewerbe), wiederum ein anderer Teil verlor sein Hab und Gut durch unglückliche Spekulationen im Silberbergbau oder unterlag der Konkurrenz in seinem Gewerbe.
Trotz der guten Entwicklungsmöglichkeiten für die verschiedendsten Gewerbe und Handwerke, die unmittelbar mit dem Bergbau verbunden waren, dominierte in Zwickau das traditionelle Tuchmacherhandwerk. Und gerade hier vollzog sich mit der frühkapitalistischen Entwicklung ein grundlegender Wandel hin zum Verlagssystem: Immer mehr übernahmen die Händler den Aufkauf des Rohmaterials Wolle vom Wollerzeuger (Wirtschaftsverwalter landesherrlicher Güter, Ämter) und den Vertrieb und schalteten sich damit zunehmend in die Produktion von Tuchen ein. Durch diese Entwicklung konnten die Tuchhersteller, die Tuchmacher, zu anderen Formen der Produktion übergehen, da ihnen Rohstoffeinkauf und Absatz der Erzeugnisse abgenommen wurden. Durch die Anwendung neuer Technik, zum Beispiel des Webstuhles mit Fußantrieb, und durch die Einstellung von Tuchknappen arbeiteten sie effektiver. Zugleich wuchs damit die Zahl der Tuchmacher, die in wirtschaftliche Abhängigkeit von den Verlegern gerieten, die verarmten und zu Lohnarbeitern

wurden. Sowohl diese wirtschaftliche Situation als auch die Mißstände in der römischen Kirche förderten in Zwickau die Aufgeschlossenheit vieler Bewohner für eine Reformation der Kirche und ließen viele zu Anhängern des Predigers Thomas Müntzer sowie von Johannes Sylvius Egranus werden, beide waren sie Führer der innerstädtischen Auseinandersetzungen in Zwickau.
Johannes Egranus hatte im Jahre 1517 eine Priesterstelle an der Zwickauer Marienkirche angenommen. Als brillanter Redner zog er sehr schnell viele Zuhörer an. In seinen Predigten und in mehreren Streitschriften wandte er sich vor allem gegen den damals in Zwickau in voller Blüte stehenden Annenkult, gegen den Ablaßhandel und die Ohrenbeichte. Damit schuf er sich vor allem unter den Mönchen des Franziskanerordens viele Feinde.
Streitschriften und öffentliche Anschläge an und in Kirchen und anderen Gebäuden waren seinerzeit weit verbreitet und daher auch in Zwickau eine geläufige Form, anderen seine Meinung kundzutun. Auch Agricola beteiligte sich daran. Von ihm sind zwei Epigramme bekannt geworden. Ein Epigramm brachte er am 18. Dezember 1518 am Kunigundenaltar an, der damals in der Marienkirche stand. Das zweite befestigte er am 20. Februar 1519 an der Tür der Marienkirche. An diesem Tag wurden die Trauerfeierlichkeiten für den am 12. Januar 1519 verstorbenen Kaiser Maximilian I. begangen. Der Vers bezieht sich auf den Ablaßhandel und zeigt, daß auch Georgius Agricola mit eindeutigen Worten in den von Wittenberg ausgehenden Kampf gegen die Verteidiger der alten Ordnung, gegen die Franziskaner, eingriff. Übersetzt lautet er:

Das Himmelreich läßt sich nicht um Gold und Silber erkaufen,
Wenn uns nach Einwurf klingender Münze der Ablaßkasten errettet,
Ach wie unglücklich kommst Du, der Du ein armer Teufel bist,
mir dann vor!
Wenn aber Du, lieber Heiland, durch Deinen Tod
uns gerettete Sünder selig machst -
Dann kommst Du, der Du ein armer Teufel bist,
mir gar nicht mehr unglücklich vor! [18]

Noch eine andere Stellungnahme von Agricola ist bekannt. So schrieb Thomas Müntzer, nachdem er in Zwickau eine Stelle als Priester an der Marienkirche angenommen hatte, am 13. Juli 1520 in einem Brief an Martin Luther, daß in Zwickau der neuen Sache (der Reformation) gegenüber viele aufgeschlossen seien und daß auch der Lehrer der neuen Schule gewillt sei, mit ihm gemeinsam gegen die Mönche des Franziskanerordens vorzugehen. Von einem gemeinsamen Vorgehen, ob literarisch oder in einer Disputation, ist allerdings nichts bekannt geworden [19].

Das Franziskanerkloster, westlich des Oberen Stadttores an der Stadtmauer gelegen, beherbergte 70 bis 80 Mönche. In den Jahren zwischen 1515 bis 1525 entfalteten sie, durch übertriebene Zuwendungen aus der Bevölkerung geschürt, hektische Aktivitäten. Bereits 1521 verbot der Rat Zwickaus das Terminieren (Sammeln) in der Stadt. Ihren Unwillen darüber bekundeten die Mönche durch besonders scharfe Worte von der Kanzel aus und steigerten dadurch die innerstädtischen Unruhen.
Von Georgius Agricola ist uns ein Zeitdokument erhalten, in dem er sich zu einer Predigt des Franziskaner-Mönches Johannes Zeidler äußerte. Das Schreiben ist an den Mönch Professor Petrus Fontanus gerichtet. Die Predigt hatte Zeidler am Dreikönigstag (6. Januar) 1522 in Zwickau gehalten und Bibelauslegungen Fontanus' benutzt, die er aber, wie sich Agricola selbst überzeugte, falsch ausgelegte. Agricola schreibt zu den Gründen für seinen Brief,

... einmal auf Grund unserer nicht alltäglichen freundschaftlichen Beziehungen, sodann aus Liebe zur Wahrheit, die mich nicht einfach teilnahmslos bleiben läßt, schließlich mit Rücksicht auf das unkundige und einfache Volk, das urteilslos glaubt...

Es folgt dann die Richtigstellung der von Fontanus aufgestellten falschen Zitate und Auslegungen. Im weiteren wird Agricola sogar recht eindeutig aggressiv in seiner Meinung:

Doch, verehrungswürdiger Pater, bisher haben wir geplänkelt; wenn Du weiterhin der Wahrheit laut widersprichst, werden wir stärkere Waffen einsetzen und die Sturmböcke und Wurfmaschinen der Schriftsteller ins Feld führen, durch die wir mit Gottes Hilfe Deinen Widerstand brechen... Aber nicht so, daß nur ich und Du es lesen, sondern alle Gelehrten und alle rechten Vertreter der freien Künste, damit diese erkennen, welche innere Einstellung Ihr zur christlichen Frömmigkeit und Wahrheit habt, die sich nach Christi Willen so herrlich zu erheben beginnt und den Aberglauben und die lächerlichen Possen zu vernichten anhebt. Daß dies ständig so bleibe, darum bitten wir Christus ohne Unterlaß. Wenn Du also, ausgezeichneter Doktor, Christus - die Wahrheit selbst - liebst, gib Dir Mühe, das Wahre zu sagen und zu predigen ...[20]

Agricola ging es in diesem Brief um eine wahrhaftige Interpretation der Bibel, um einen Meinungsaustausch. Dieses Schreiben und Agricolas Haltung zum Ablaßhandel reihen sich ein in die innerstädtischen geistigen und sozialen Probleme Zwickaus, die in Unruhen, verschiedenen Aufständen und im Zusammenschluß von Städtern in Sekten und Bruderschaften ihren Ausdruck fanden.

Auch Thomas Müntzer trat für die sozialen Belange, vor allem der der Tuchknappen ein. In dieser Situation, in der dem Stadtrat die Autorität zu entschwinden drohte, erließ der Rat am 7. März 1521 den Befehl, daß sich die Stadtbevölkerung bei Androhung von Strafen vor Aufruhr zu hüten habe. Thomas Müntzer wurde des Bruches des Religionsfriedens und der Volksverhetzung bezichtigt und am 2. April 1521 vom Kirchenamt beurlaubt. Als das unter den Tuchknappen bekannt wurde, bewaffneten sie sich. Es kam zu einer für den Zwickauer Rat bedrohlichen Situation. Um einen Aufstand zu unterdrücken, verhaftete der Zwickauer Rat 56 Tuchknappen. Unter dem Druck der Bewohner der Stadt mußten sie aber bald wieder freigelassen werden. Kurz danach verließ Thomas Müntzer am 16. April 1521 Zwickau und wandte sich nach Böhmen.

Die Unruhen waren durch den Weggang von Thomas Müntzer keinesfalls beendet. Im gleichen Jahr erfolgte ein teils offener, teils versteckter Bildersturm, bei dem viele Altäre und Figuren aus den Kirchen entfernt und vernichtet wurden. Allein in der Marienkirche blieben von den 23 Altären nur noch der Hauptaltar und einige Plastiken erhalten. Alles andere wurde vernichtet oder in die Götzenkammer verbannt. Darunter befanden sich auch Arbeiten von Peter Breuer, der seine Werkstatt in Zwickau hatte. Dieser Bildschnitzer und Künstler schuf hauptsächlich Sakralfiguren für Flügelaltäre und Einzelbildnisse mit religiösem Inhalt und gab seinen Plastiken eine farbige Fassung. Einen gewissen Höhepunkt erreichten die Unruhen aber erst, als am 26. März 1522 der Zwickauer Amthof des Grünhainer Zisterzienserklosters gestürmt und vernichtet wurde.

Auch Martin Luther versuchte vergebens, die allgemeine Erregung in der Stadt durch eine Predigt am 28. April 1522 zu besänftigen. Die papistische Bewegung war in Massenaktionen der städtischen unteren Schichten übergegangen. Davor fürchtete sich der Rat und ergriff, wie bei der Bewaffnung der Tuchknappen, sofort Gegenmaßnahmen. Die Einführung der Reformation stellte 1523 die Ordnung wieder her.

Diese bewegte Zeit der frühbürgerlichen Revolution erlebte Agricola in Zwikkau. Eine eigene Stellungnahme zu den Ereignissen besitzen wir von ihm nicht. Am 5. Oktober 1521 beriet der Stadtrat von Zwickau erneut über die Besetzung des Schulmeisteramtes, denn Agricola beabsichtigte, seinen zweijährigen Vertrag als Schulmeister nicht zu verlängern und die Stadt zu verlassen [21].

Im Herbst 1521 gelingt es dem Stadtrat, Leonhard Nather als Schulmeister ab Walpurgis 1522 zu gewinnen. Er hatte in Schneeberg Unterricht erteilt. Über die Gründe, die Agricola bewegten, seine Stellung in Zwickau aufzugeben, gibt es

nur Vermutungen. Es könnte die Entfremdung von Stephan Roth ebenso wie ein vielleicht schon lange gehegter Wunsch, noch einmal zu studieren, sein. Auch die städtische Atmosphäre mit ihren Unruhen und dem Widerstand gegen die Schule wären denkbar. Zunächst waren Agricola und Stephan Roth einige Zeit Schulmeister verschiedener Zwickauer Schulen. Doch bereits im Frühjahr 1519, als die Griechischschule gerade erst gegründet worden war, hatte Stephan Roth dem Zwickauer Stadtrat gegenüber die Absicht geäußert, seinen dreijährigen Vertrag als Schulmeister nicht zu erneuern, wie aus den Ratsprotokollen hervorgeht. Ein "geeignetes Stadtkind" als seinen Nachfolger im Schulmeisteramt bot sich zunächst nicht an. So blieb Roth bis zur Vereinigung beider Schulen unter Agricolas Leitung weiterhin Schulmeister der Lateinschule. Er bewarb sich um die Schulmeisterstelle in der jungen Bergstadt Joachimsthal und ging Anfang der 20er Jahre dorthin.
Zwischen beiden Freunden gab es Unstimmigkeiten, die nicht näher bekannt sind. Agricola unternahm im Herbst 1520 einen Versöhnungsversuch, der jedoch mißglückte [22]. Mit Roths Weggang aus Zwickau reißen die Verbindungen zwischen den Freunden für mehrere Jahre ab.
In der Zeit vom 21. bis 26. April 1522 werden

... *VII Schock* (100 Gulden = 35 Schock) *dem Baccalaureus Agricola in seinem Abschiede von dem Schulamte zu seinem versprochenen Jahressolde* [23].

ausgehändigt. Georgius Agricola verläßt zu Walpurgis (1. Mai) 1522 Zwickau. Es war noch kein endgültiger Abschied. Während seiner Schulmeisterzeit hatte ihm der Zwickauer Rat ab 28. Juli 1520 die Zinsen aus dem Altarlehen St. Erasmi der Marienkirche in Zwickau in Höhe von 30 Gulden verliehen, die ihm ab Walpurgis 1521 ausgezahlt wurden [24]. Über ihre Weiterzahlung verhandelte er am 26. August 1522 in Zwickau.

Abb. 7: **Katharinen - Kirche**
Ältestes Gebäude der Stadt, urkundlich 1219 erwähnt, Stiftung des Markgrafen Dietrich für ein Benedikter-Nonnenkloster. Nach Stadtbränden von 1328 und 1403 wiedererrichtet, war die dreischiffige gotische Hallenkirche später Stadt- und Schloßkirche. Hier predigte Thomas Müntzer 1521. Ab 1524 wird evangelischer Gottesdienst gehalten.

Abb. 8: **Gewandhaus und Rathaus**
Am 18. Februar 1519 zog Georgius Agricola mit den Schülern der Griechisch - Schule in das Gebäude des alten Gewandhauses, des Zunfthauses der Tuchmacherinnung. Nach der Vereinigung beider Stadtschulen und dem Umzug in das neue Gebäude am Marienkirchhof (8. April 1521) Abriß des baufälligen Hauses 1522 und im gleichen Jahr Beginn des Neubaues unter der Leitung von Ratszimmerer Friedrich Schultheiß. 1823 wurde es zum Theater umgebaut und ist noch heute Spielort des Zwickauer Stadttheaters.

Abb. 9: **Schiffchen - Haus**
Eckhaus am Kornmarkt. Erbaut 1485 von Heinrich von Grumbach mit Formen der Übergangszeit von Gotik nach Frührenaissance. Das Handwerkszeichen der Seiler im Giebel verweist auf den Besitz durch Seilerfamilien ab 1600. Im Jahre 1968 wurde es von Grund auf erneuert.

Abb. 10: **Löwenapotheke und Kräutergewölbe am Hauptmarkt**
Der um 1470 geschaffene Backsteinbau ist ein typisches spätmittelalterliches Bürgerhaus, das mit dem wirtschaftlichen Aufschwung Zwickaus in der 2. Hälfte des 15. Jahrhunderts am Hauptmarkt gebaut wurde. Der Staffelgiebel weist spätgotische sowie Merkmale der Frührenaissance auf. Die sich hier seit 1561 befindende Löwenapotheke wurde 1478 erstmals erwähnt. (Restauration 2. Hälfte des 20. Jahrhunderts.)

Abb. 11: **Pulverturm**
Zusammen mit einem Mauerrest ist der Pulverturm das letzte Zeugnis der ehemaligen Stadtbefestigung. In der 2. Hälfte des 15. Jahrhunderts errichtet, diente er bis 1805 zur Aufbewahrung des Schießpulvers.

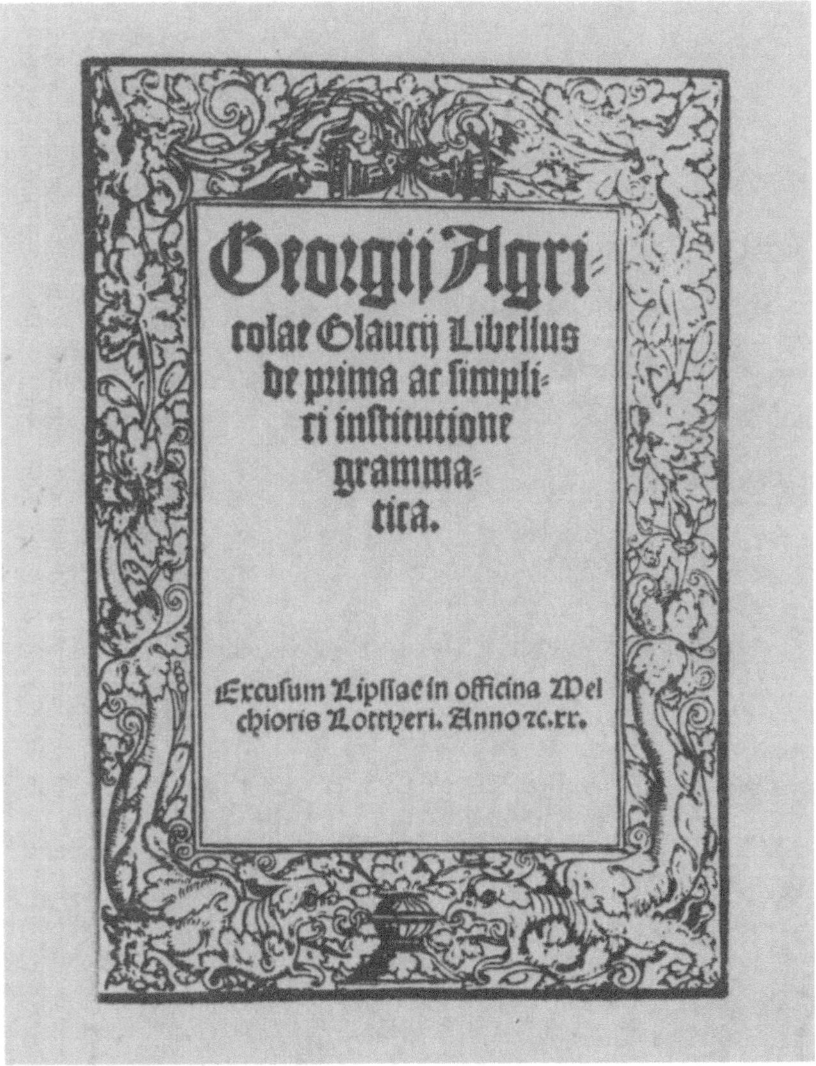

Georgij Agri-
colae Glaucij Libellus
de prima ac simpli-
ci institutione
gramma-
tica.

Excusum Lipsiae in officina Mel
chioris Lottheri. Anno &c.xx.

Abb. 12: **Titelblatt des Lehrbuches von 1520**
Georgius Agricola gab 1520 ein „Büchlein vom einfachen grammatischen Anfangsunterricht“ für die lateinische Sprache in Leipzig heraus.
(Aus: Georgius Agricola - ausgewählte Werke, Berlin 1955, Bd.I)

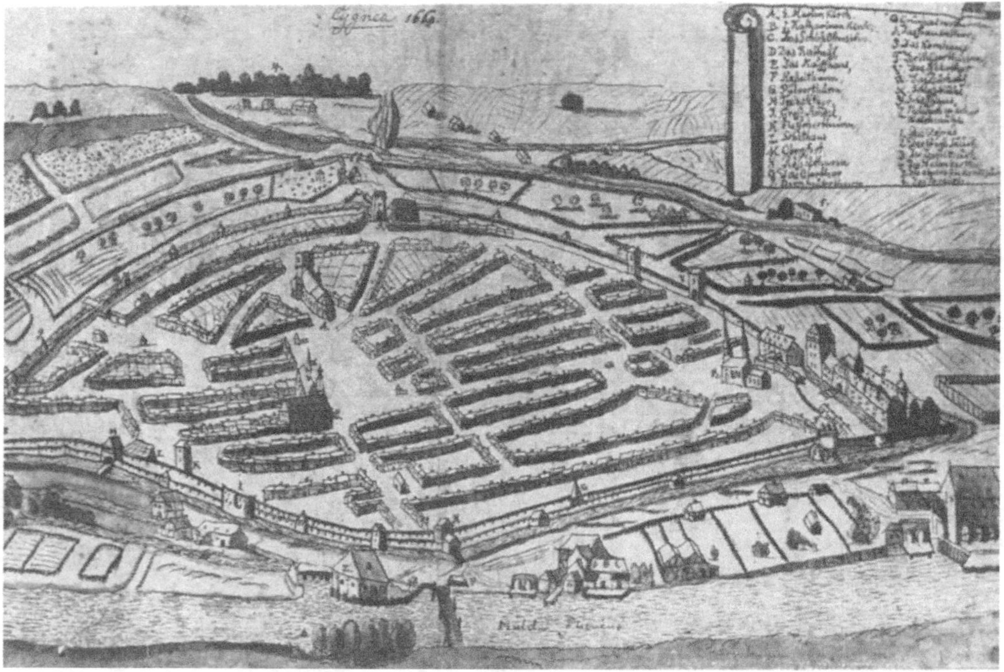

Abb. 13: **Stadtplan von Zwickau** (Federzeichnung von 1660. Stadtarchiv Zwickau)
Diesen mittelalterlichen Stadtkern mit Stadtbefestigung und Stadttoren kann Georgius Agricola kaum verändert vor ca. 140 Jahren kennengelernt haben. Im Vordergrund: Zwickauer Mulde, rechts: Schloß Osterstein, Mitte: Markt mit Gewandhaus, Rathaus , Dom St. Marien.

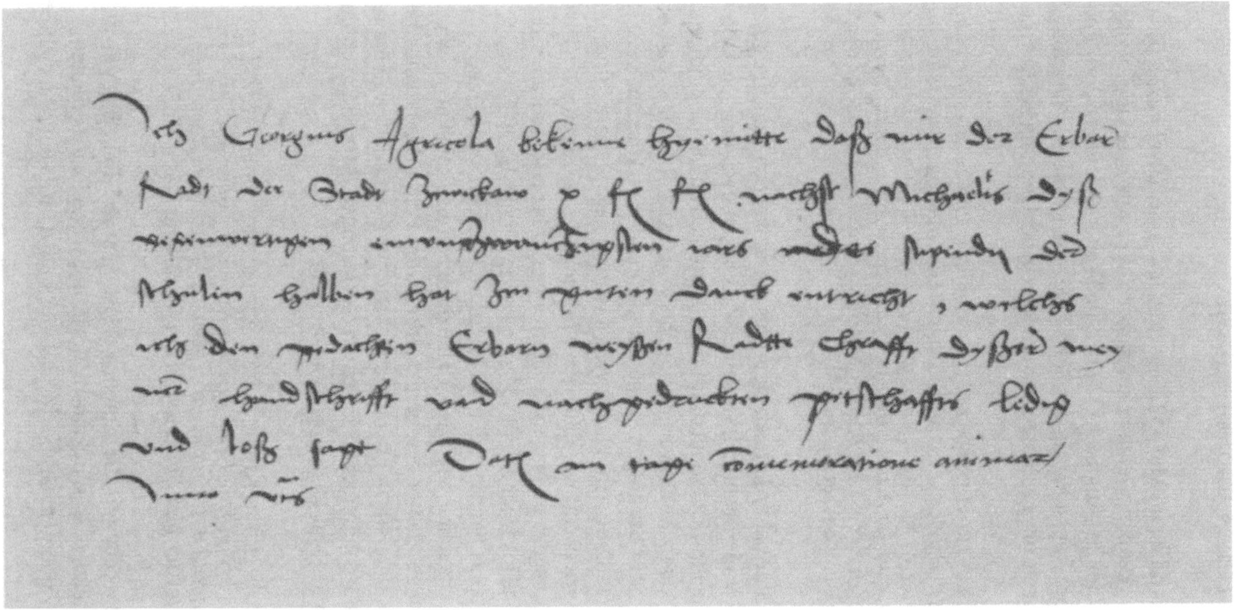

Abb. 14: **Quittung von Georgius Agricola vom 19. Juni 1521** (Stadtarchiv Zwickau A*A I.27)
Georgius Agricola bestätigt den Erhalt des Schulmeister-Geldes.

Italien - Vorbereitung und Aufenthalt

Georgius Agricola verließ im Mai 1522 Zwickau und ging nach Leipzig. Es ist nicht eindeutig zu erkennen, welchen beruflichen Weg er einschlagen wollte. Aus der Quittung vom 26. August 1522 über die Weiterverleihung des Lehen durch den Zwickauer Rat ist häufig der Schluß gezogen worden, Agricola sei nach Leipzig gegangen, um Theologie zu studieren. In der Quittung heißt es u.a.:

..., daß ich dem Rat mit Hand und Mund zugesagt habe und versprochen habe und auch kraft dieses Briefes verspreche, so mir Gott die Gnade verleiht, daß ich, wenn ich Priester werde, das Lehen auch persönlich gebrauche, wenn es der Wille Gottes ist, daß der Allmächtige mich andere Wege schickt, so will ich nach drei Jahren dem Rat als rechtmäßigen Besitzer des Lehens kraft dieses Briefes (das Lehen) *wieder freigeben...* [1]

Hier liegt die Annahme nahe, daß sich Georgius Agricola noch nicht endgültig entschlossen hatte. Viele Schulmeister seiner Zeit haben nach einigen Jahren Schulpraxis ein erneutes Universitätsstudium absolviert, manche studierten Theologie, andere Medizin. Es war auch nichts Außergewöhnliches, daß die Zinsen aus Lehen oder Stiftungen nicht nur während der Amtszeit gezahlt wurden, ihre Weiterzahlung ermöglichte vielen sogar erst ein weiteres Studium. Das Lehen wurde Agricola in zwei Raten jeweils Michaelis (29. September) und Walpurgis (1. Mai) ausgezahlt. Nur 1522 nahm es Agricola persönlich an, in den nächsten Jahren holte bis Michaelis 1524 sein Bruder Franz die 30 Gulden ab. In Leipzig ist Agricolas Name weder im Matrikelverzeichnis der Universität noch im Dozentenverzeichnis zu finden. Er hat demnach also kein Fachstudium belegt [2]. Möglich wäre, daß er den bereits erkrankten Petrus Mosellanus bei seiner Lehrtätigkeit unterstützte, denn dieser hatte für die damalige Zeit eine ungewöhnlich große Zuhörerschaft in seinen Vorlesungen. Mosellanus teilte Agricola schon am 31. Mai 1520 in einem Brief mit:

Die Vorlesung über Augustin (Kirchenlehrer), *die ich mit erstaunlichem Erfolg unternommen habe, bringt jene Leute fast um, die nicht wollen, daß eine reine Theologie wieder aufblüht. Ich habe darin über 200 Hörer und darunter mehr als 12 Mönche, Magister und Baccalaurei der Theologie über 20* [3].

Die Namen der Baccalaurei, die durch Vorlesungen die Lehrtätigkeit der Professoren unterstützten, sind in keinem Vorlesungsverzeichnis erhalten geblieben. Die große Zuhörerschaft bei Mosellanus muß damals eine Ausnahme

gewesen sein, denn 1522 hatte die Universität als eine Folge der Reformation nur noch 26 Studenten und 1523 sogar nur noch 17 [4].
Agricola war mit verschiedenen Leipziger Professoren bereits seit seinem ersten Leipziger Aufenthalt bekannt. So mit Dr. Heinrich Stromer von Auerbach, einem der bekanntesten Ärzte seiner Zeit, den verschiedene Fürsten zu ihrem ärztlichen Rat ernannt hatten. Dazu gehörten die sächsischen Regenten Herzog Georg der Bärtige und Kurfürst Friedrich der Weise sowie die beiden Brandenburger, Kurfürst Joachim und sein jüngerer Bruder Albrecht II., der Erzbischof und Kardinal von Mainz und Magdeburg, sowie Agricolas Landesvater Ernst von Schönburg [5]. Von 1516 bis 1519 lebte Stromer ständig am Hofe des Erzbischofs Albrecht als dessen Leibarzt und begleitete ihn auf seinen Reisen. Doch Stromer war nicht nur Arzt. Er nahm teil an den großen geistigen Strömungen seiner Zeit: am Humanismus und an der Reformation. Er knüpfte Verbindungen zu Erasmus von Rotterdam, Johannes Reuchlin, lernte Ulrich von Hutten, als dieser nach seiner Rückkehr aus Italien 1517 in den Dienst des Erzbischofs Albrecht trat, kennen und schätzen und lud Martin Luther 1519 anläßlich der Leipziger Deputation in sein Haus in Leipzig ein [6]. Er war wie Petrus Mosellanus ein Anhänger von Erasmus von Rotterdam, den er persönlich kannte [7]. Trotz seiner vielen Verpflichtungen verbrachte er die meiste Zeit seines Lebens in Leipzig.
Berühmt waren die Gesprächsrunden im Hause Auerbachs. Hier traf Georgius Agricola 1522 Dr. Gregorius Kopp aus Calbe/Saale, einen Freund Stromers, der ebenfalls Leibarzt des Erzbischofs und Kardinals Albrecht war. Gregorius Kopp und Stromer hatten ähnliche Auffassungen in religiösen Fragen. Sie luden zu ihren Streitgesprächen andere Zuhörer ein. An solch einem Gespräch nahm Georgius Agricola teil. Das Gesprächsthema veranlaßte ihn, am 23. Juli 1522 einen Brief an Gregorius Kopp zu schreiben. In diesem Brief setzte er ein Streitgespräch zur Frage "Ist Gott der Urheber der Sünde?" mit Meinungen zur Auslegung von Zitaten aus dem Neuen Testament fort. Diese Themen lassen auf den ersten Blick vermuten, daß solche Gespräche nur Theologen oder theologisch stark interessierte Partner geführt haben; sie waren im Zusammenhang mit den verschiedensten religiösen Strömungen der Reformation unter vielen Gelehrten weit verbreitet. Das folgende Zitat verdeutlicht es:

Gott ist nicht Urheber der Sünde .
Georgius Agricola Koppe zum Gruß!
Als wir neulich in Auerbachs Hause zusammen waren, hochgeehrter Koppe, begannen wir, wie das jetzt fast allenthalben und durchaus zu Recht geschieht, ein Gespräche über das Christentum anzuknüpfen. Dort hörte ich mir zuerst die

Meinung der anderen an und erklärte dann, wie das jetzt zeitgemäß ist, mehr freimütig als vorsichtig: Unter den Glaubenssätzen, mit denen man so gemeinhin umgeht, schienen doch manche Paradoxa zu sein, die nicht nur hart, sondern auch dem einfachen ursprünglichen Sinne der Schrift (Neues Testament) *einigermaßen fremd seien. Daher kommt es, daß sie gar viele Gemüter sichtlich verwirrten, in die Irre führten, am Ende gar nahezu in den Abgrund stürzten. Als Du kräftig dagegen angingst, zweifellos, wie ich wohl weiß, von frommem Eifer getrieben, kamen wir überein, diese Fragen einmal in den Mittelpunkt einer eingehenden Erörterung zu stellen, und dies mehr in dem Bestreben, echter Frömmigkeit nachzugehen, als eidler Auseinandersetzung wegen....*[8]

Dieser Brief läßt vermuten, daß Agricolas Aufenthalt in Leipzig nicht dem Theologiestudium galt, denn er ist mit "Leipzig im Hause Auerbachs, des hervorragenden und gelehrten Mediziners" unterschrieben.
Agricola wohnte 1522 im Hause des Heinrich Stromer von Auerbach in der Grimmaischen Gasse in der Nähe des Rathauses. Es war ein sehr großer Gebäudekomplex, den Stromers Ehefrau erst wenige Jahre zuvor mit in die Ehe gebracht hatte [9] und der sich nach einigen Umbauten durch Stromer noch heute dort befindet.
Auch bei Petrus Mosellanus hielt sich Georgius Agricola 1522 häufig auf. Im Widmungsschreiben vom 5. Mai 1549 zu seinem Werk "Die Maße, mit denen wir Entfernungen messen" erinnert er Christoph von Carlowitz an die gemeinsam verlebten Stunden in Leipzig bei Mosellanus:

Als Ihr vor 27 Jahren (1522) *den edlen, im griechischen wie lateinischen Schrifttum bewanderten Petrus Mosellanus in Leipzig hörtet, dessen Hörer und Schüler auch ich gewesen bin, erkannte ich dies: Das Ihr ein ausgezeichnet begabter und fein gebildeter Mann wart ...* [10]

Noch einen anderen Professor der Medizin hat Agricola in dieser Zeit in Leipzig aufgesucht: Ulrich Rülein von Calw. Rülein, der von 1497 bis 1521 in Freiberg Stadtarzt, Stadtapotheker und Bürgermeister war, hatte - wie bereits erwähnt - Mosellanus im Jahre 1515 an die neugegründete Lateinschule nach Freiberg berufen. Nach einem Zerwürfnis mit dem Freiberger Rat (wegen der Stadtschule) nahm Rülein 1521 eine Professur der Medizin an der Leipziger Universität an. Agricola schätzte Rülein sehr. In seinen späteren Schriften erwähnt er ihn und besonders häufig dessen Werk "Ein nützlich Bergbüchlein". Dieses erste deutschsprachige montanwissenschaftliche Lehrbuch schrieb Rülein um 1500. Er machte damit auf den Freiberger Silberbergbau aufmerksam.

Agricola schrieb in einem Brief an den Arzt Kopp, daß er sich anderen, nicht theologischen Studien in Leipzig zuwandte. Sollte es die Medizin gewesen sein?

An der 1409 gegründeten Leipziger Universität war die medizinische Fakultät 1415 eröffnet worden. Sie hatte zunächst wie an den meisten anderen Universitäten des deutschen Sprachgebietes wenig Studenten. Vermittelt wurden vorrangig philologische Interpretationen und Deutungen aus den Werken medizinischer "Autoritäten" wie der Griechen Galen und Hippokrates sowie des Persers Avicenna, jedoch nur wenig praktische Heilkunst. In die medizinische Fakultät konnte der Humanismus bedeutend schwieriger eindringen als in die anderen Leipziger Fakultäten, denn dem Studium des menschlichen Körpers durch Leichensektionen wurden in der 1. Hälfte des 16. Jahrhunderts weit mehr Vorbehalte entgegengebracht als beispielsweise an den Universitäten in Italien und Frankreich. Das war auch ein Grund, weshalb viele an einem medizinisch-naturwissenschaftlichen Studium Interessierte die ärztlichen Ausbildungsstätten in Süd- und Westeuropa bevorzugten, wo man bereits im 15. Jahrhundert anatomische Sektionen vor den Studenten durchführte und wo die praktische Heilkunst die Interpretation der Werke antiker Gelehrter mehr und mehr verdrängte.

Sicher kann angenommen werden, daß Georgius Agricola nach Leipzig ging, um sich mit seinem Lehrer Mosellanus und seinen Freunden über die weiteren Möglichkeiten eines Studiums zu beraten. Ein medizinisches Studium und einen Aufenthalt in Leipzig werden sie ihm vermutlich nicht geraten haben, denn außer diesem nicht mehr zeitgemäßen Medizinstudium war die Situation in der Stadt Leipzig sehr gespannt. Die Auseinandersetzungen zwischen der Bürgerschaft, vor allem zwischen Handwerkern und Studenten (sie führten zum gleichen Zeitpunkt übrigens auch in Erfurt fast zum Erliegen des Universitätsbetriebes), hatten blutige Formen angenommen. So war es wegen eines Streites zwischen dem Leipziger Rat und der Universitätsleitung 1521 für einige Zeit zur Schließung der Kollegienkeller gekommen, was die Gemüter noch weiter erhitzte. Studenten und Handwerker wurden tätlich, und es kam 1521 wiederholt zur Androhung des Auszuges der Studentenschaft aus der Stadt Leipzig, da der Rat nur selten für die Studenten eintrat.

Bei diesem allgemeinen Rückgang des Universitätsbetriebes in den deutschen Städten (außer Wittenberg) und den städtischen Unruhen, die Georgius Agricola ja bereits in Zwickau miterlebt hatte, wird er sich für ein Studium in Italien entschlossen haben. Über die dortige Ausbildung hatte er schon so manches Gute und Vorteilhafte erfahren. Bereits im Sommer 1519 besuchte ihn in

Zwickau sein Studienfreund Julius von Pflug, der nach dem Studium bei Mosellanus an den Universitäten Bologna und Padua weiterstudierte und sich kurz in Sachsen aufhielt. Hier machte Agricola ihn auf einen seiner begabtesten Schüler aufmerksam, auf Gregor Meltzer (er nannte sich später Haloander). Julius von Pflug ermöglichte diesem jungen Mann ein Jurastudium in Italien [11]. Haloander und Agricola weilten später zur gleichen Zeit in Italien.
Im Sommer 1522 hatte Petrus Mosellanus die Absicht, eine längere Reise in den Süden zu unternehmen. Er berichtete Erasmus von Rotterdam darüber und meldete sich bei ihm in Basel an [12]. Auch Agricola wollte in den Süden. Ob sich beide verabredet hatten, ist nicht bekannt. Mosellanus' Reise zerschlug sich, doch Agricola machte sich auf den Weg.
Am 26. August 1522 war Agricola auf seiner Reise nach Italien in Zwickau und verhandelte über die Weitervergabe des Lehens St. Erasmi. Bei dieser Gelegenheit wird er dem Rat seinen Entschluß zum Studium in Italien mitgeteilt haben, denn der Rat bat ihn, die Inschrift auf einer heiligen Reliquie entschlüsseln zu lassen. Diese Reliquie, angeblich Holz vom Kreuze Christi, in arabischem Gold gefaßt und mit Saphiren besetzt, hatte der reiche Zwickauer Handelsherr Martin Römer von einem Salzburger Kaufmann namens Schwyger [13] erworben und 1479 seiner Heimatstadt geschenkt. Den dazu gehörenden Text in unbekannten Schriftzeichen konnte niemand lesen. Zur Zeit von Agricolas Aufenthalt in Zwickau wurde diese Reliquie, das "Römerkreuz", in der Kreuzkapelle der Marienkirche aufbewahrt. Mit einer Abschrift des Textes begab sich Agricola nach Italien.
Agricolas erste Station in Italien war die Universität Bologna. Welchen Weg er von Zwickau aus wählte, ist nicht bekannt. Sein Freund Johannes Naevius (ab 1544 Leibarzt der Herzöge/Kurfürsten Moritz und August [14]), der im Herbst 1523 nach Italien zog und ebenfalls in Bologna ein Medizinstudium aufnahm, hat einen selbstverfaßten Lebenslauf hinterlassen. Darin beschreibt er u.a. auch seinen Weg nach Italien, der im wesentlichen mit der Handelsstraße identisch ist. So könnte auch Agricola gereist sein. Johannes Naevius schreibt, daß er im Oktober 1523 nach der Leipziger Messe morgens um 6 Uhr aufgebrochen sei. Sein Weg führte ihn über Erfurt, Nürnberg, Augsburg, Innsbruck, Trient. Am 5. November 1523 nachmittags kam er in Bologna an [15].
Danach dauerte die Reise nur wenige Wochen und war, bedenkt man die Entfernung und die Verkehrswege, verhältnismäßig kurz. Der Studienbetrieb an der Universität Bologna begann am 10. Oktober und endete am 9. September des folgenden Jahres. Die Studenten mußten sich bis zur feierlichen Eröffnung des Semesterbeginns am 2. November eingeschrieben haben. Wahrscheinlich nahm man es jedoch nicht so genau, denn Naevius schreibt selbst, daß er ab 5.

November 1523 in Bologna studierte. Sein Name ist jedoch (ebenso wie der Name von Georgius Agricola) nicht im Matrikelverzeichnis der Universität zu finden.

Agricola berichtete dem Zwickauer Rat am 1. Februar 1536 über seinen Aufenthalt in Bologna und beschrieb die Mühen um die Entzifferung der Schriftzeichen auf der Reliquie:

Wie ich nach Bologna kam, der berühmten alten italienischen Stadt, glaubte ich, wegen der unbekannten Schriftzeichen nicht einen in der griechischen Sprache bewanderten Nichtgriechen fragen zu dürfen, weil ich selber sicher war, daß es nicht rein griechische sind...Ich trete an Petrus Aegina heran, und frage ihn, ob die Volkssprache der Griechen mit diesen Zeichen geschrieben wird. Er antwortet: Nein, denn das Volk und die Gelehrten verwenden dieselben Buchstaben....

Inzwischen war schon ein Jahr vergangen (Herbst 1523), *da höre ich, ein Jude, Jakob Mantinus, habe die Schriften mehrerer arabischer Ärzte ins Hebräische übersetzt. Ich will ihn daher wegen einiger Stellen bei Avicenna befragen und gehe zu ihm ... Ich faßte große Hoffnung, ein Mann, der so viele Sprachen spreche, könne die unbekannten Zeichen deuten. Allein vergebens.*

Es lernte zu dieser Zeit Mantinus auch die arabische Sprache, von Battista Leo, einem Mauren, der selbst die Lebensbeschreibung arabischer Ärzte ins Italienische übersetzte. ... Als auch er sie nicht kannte, gab ich die Hoffnung völlig auf, irgend jemand zu finden, der sie verstünde ...[16].

Daß Agricola im Herbst 1523, nachdem er bereits ein Jahr in Bologna weilte, mit Jacob Mantinus und Battista Leo zusammentraf, erwähnte er 1549 auch in seiner Schrift "Die ausländischen Maße und Gewichte":

Sicherlich sind sehr viele arabische Wörter mit dem Hebräischen durch eine natürliche Verwandtschaft verbunden. Das, entsinne ich mich, hat mir der Jude Mantinus in Bologna erzählt, als er vor 26 Jahren (1523) *mitunter in meiner Gegenwart bei dem meines Wissens aus Tunis stammenden Battista Leo Arabisch lernte ...* [17]

Aus dem Brief an den Zwickauer Rat kann man schlußfolgern, daß Agricola in Bologna philologische Studien betrieb. Dieses gründliche Sprachstudium war ein wesentlicher Bestandteil des mittelalterlichen Universitätsstudiums.

Ein Charakteristikum des medizinischen Fachstudiums war in der damaligen Zeit auch, Probleme der Weltanschauung und der Wissenschaft deduktiv zu lösen, d.h. aus Allgemeinem Besonderes begrifflich abzuleiten. Dazu stellte man zuerst Aussagen zusammen, die für und auch gegen Behauptungen einer "medizinischen Autorität" sprechen, aus beiden Urteilen wurden daraufhin,

Aristoteles folgend, Schlüsse abgeleitet und Widersprüche in "logischer Turnierkunst" beseitigt.

Diese Form der medizinischen Ausbildung erforderte genaue Kenntnisse der Werke der "medizinischen Autoritäten", vor allem der Griechen Galen und Hippokrates. Zugleich reduzierte sie aber auch das Medizinstudium auf eine fragwürdige Buchstabengelehrsamkeit. In dieser Zeit wurde das Studium der Schriften von Galen in den Mittelpunkt der medizinischen Ausbildung gerückt, so daß dessen Meinung die gesamte mittelalterliche Heilkunde beherrschte. An ihm zu zweifeln war gleichbedeutend mit dem Zweifel an Gott und der von ihm geschaffenen Weltordnung. Mit dem Medizinstudium hat Agricola seine Sprachkenntnisse in Latein, Griechisch und Hebräisch vervollständigt.

An den italienischen Universitäten wurde auch die praktische Heilkunst gelehrt. Noch zu Beginn des 16. Jahrhunderts erfuhren Harnschau, Pulsbeobachtung, Aderlaß und Pharmakologie eine übersteigerte Wertschätzung. Man verzichtete zum Teil ganz auf eine persönliche Bekanntschaft mit dem Patienten und überbetonte die Diagnose nach dem Urinbeschau. An die Stelle der eigenen Erfahrung in der Krankenbehandlung traten Magie, Astronomie, Alchimie und Traumdeutung. Mit der Renaissance setzte auch in der medizinischen Ausbildung, in Italien an den Universitäten Ferrara und Padua beginnend, ein grundlegender Wandel ein. Die ersten Anfänge einer Neuorientierung zeigten sich bei der Ausbildung in Bologna zuerst nur in einem noch gründlicheren Sprachstudium, das befähigte, "zu den unverfälschten empirischen Quellen der großen medizinischen Klassiker des Altertums" vorzudringen. Agricola wird sich hier mit dem ungeheuren Wust der medizinischen Sekundärliteratur bekannt gemacht haben, bevor er sich entschloß, die Werke des Griechen Galen näher zu studieren und die praktische Heilkunst zu erlernen.

Ob Agricola in Bologna die Universität besuchte und hier studierte und ob er hier vielleicht den medizinischen Doktortitel erlangte, läßt sich nicht belegen. Er schrieb im Zusammenhang mit den Mühen um die Entzifferung der Inschrift des Römerkreuzes und seines Aufenthaltes in Italien, daß er sich nach Venedig begab, "... um bei den Ärzten in die Schule zu gehen und den Galen Griechisch zu lesen...". Das war im Frühjahr 1524. In Venedig hielt er sich zwei Jahre auf, um sein medizinisches Wissen sowohl praktisch als auch theoretisch zu vervollkommnen.

Warum ging Agricola gerade nach Venedig? Dort gab es Anfang des 16. Jahrhunderts keine Universität. Da Venedig ein Stadtstaat war und zu seinem Territorium Padua gehörte, studierten die Venezianer in Padua. Agricola schrieb ja selbst, daß er sich nach Venedig wandte, um praktische Medizin zu

studieren. Die venezianischen Ärzte, die eine Krankenbetreuung durchführten, lehrten auch an der nur wenige Kilometer entfernten Universität Padua.
Der Stadtstaat Venedig war einer Medizin, die auch auf anatomischen Kenntnissen des toten menschlichen Körpers beruhte, viel früher zugetan als die scholastischen mitteleuropäischen Universitäten. Bereits 1341 wurden in Padua (aber auch in Bologna seit 1306) regelmäßig Sektionen von Leichen in den Universitätsunterricht aufgenommen sowie zahlreiche erfolgreiche chirurgische Eingriffe an Kranken durchgeführt. Das war an den mitteleuropäischen Universitäten verboten. Seit dem Ende des 15. Jahrhunderts strömten daher zunehmend Studenten aus allen europäischen Staaten nach Italien, weil hier die vermittelte Anatomie und Chirurgie als praktische Heilkunst am weitesten den Bedürfnissen der Patientenbetreuung entsprach.
Die in den Krankenanstalten von Venedig praktizierten Heilmethoden wollte Agricola kennenlernen. Gleichzeitig verband er damit aber noch ein anderes Ziel. Darüber schreibt der in Padua studierende Niederländer Casembrooth (Käsebrot) an Erasmus von Rotterdam am 23. August 1525 :

Alle Hausgenossen (gemeint sind die flandrischen Studenten in Padua) *haben den Wunsch geäußert, es möchte in Verehrung für Euch ein Gruß für ihre Person beigefügt werden. Es grüßt Euch auch Georgius Agricola, ein junger Mann, der Euch allererst zugetan ist, er hat bei Asulanus die Verbesserung des Galen unter sich ...*[18].

Ähnliches berichtet auch der Zwickauer Lehrer Valentin Hertel über Agricolas Tätigkeit in Venedig an Stephan Roth nach Wittenberg:

Es erzählt auch Haloander, ihn (Agricola) *habe* (Asulanus) - *und zwar in Venedig - als Korrektor angenommen, und er habe mit einem bedeutenden jüdischen Arzt enge Freundschaft geschlossen ...*".

Über eine Bekanntschaft mit einem jüdischen Arzt wissen wir nichts, wohl aber über Agricolas Mitarbeit in dem berühmten Verlagshaus des Aldus Manutius, das ab 1515 von Andreas Asulanus geleitet wurde. Dieses Verlagshaus hatte sich bereits 1485 durch die Drucklegung griechischer Werke einen guten Ruf erworben, brachte 1497 die "Bücher zur Geschichte der Pflanzen" von Theophrastus und 1499 die medizinischen Schriften von Dioskurides heraus. Auch die Werke von Aristoteles, die 1495 bis 1498 hier erschienen, zeichnen sich, wie alle anderen auch, durch gute sprachliche Bearbeitung und ästhetisch anspruchsvolle äußere Gestaltung aus. Diese als Aldina-Drucke bezeichneten Bücher gehören noch heute zu den Kostbarkeiten des Buchdruckerhandwerkes.

Der Inhaber der Druckerei Andreas Asulanus hatte im Januar 1525 das Privileg zur Herausgabe der griechischen Werke der medizinischen "Autoritäten" Galen, Hippokrates, Paulos von Aegina, Oreibasios und Aetius im Orginaltext innerhalb der nächsten zehn Jahre erhalten. Er muß sich der Vergabe des Privilegs schon vorher sehr sicher gewesen sein, denn bereits seit 1524 arbeitete eine Gruppe von Gelehrten unter der Leitung von Johann Battista Opizo an der Fertigstellung der Schriften des Galen. Dieser aus Pavia stammende Professor war sowohl auf medizinischem wie auch auf philosophischem Gebiet versiert. Außer Agricola, dem einzigen Deutschen, gehörten diesem Kreis noch die Engländer John Clement, Edward Wotton, Anthony Rose (alle drei Mediziner) und der Philologe Thomas Lupshed an. Die Bearbeitung der Gesamtwerke des Griechen Claudius Galenus (Galen) war äußerst schwierig. Bis dahin waren nur wenige seiner Schriften in griechischer Sprache erschienen, und die in Latein veröffentlichten waren stilistisch sehr schlecht. Die Gelehrten müssen unter Opizos Leitung schon vor 1525 eine gute Vorarbeit geleistet haben, denn die Herausgabe aller Werke konnte bereits im August 1525 mit fünf Bänden von ca. 2 900 Seiten erfolgreich abgeschlossen werden. Im Vorwort zum 5. Band, erschienen im August 1525, erwähnt der Verleger Asulanus nicht nur Agricolas Mitarbeit, sondern würdigt ihn, indem er schreibt:

Doch auch Georgius Agricola hat kein geringeres Lob verdient, denn auch er hat bei der Berichtigung des Galen seinen Fleiß und seine Arbeitskraft voll eingesetzt ...[19]

Die fünf Bände der Werke von Galen gehören heute zu den Schätzen medizinischer Bücher. Opizo und seine fünf Mitarbeiter hatten "... für die damalige Zeit das Möglichste" getan. Das Lob überwog gegenüber der auch damals nicht fehlenden Kritik. So stehen sich zwei Aussagen über den Leiter dieser Gruppe Opizo gegenüber. Die eine stammt von Georgius Agricola. Er charakterisiert diesen Gelehrten im Zusammenhang mit der Nennung anderer hervorragender italienischer Mediziner, die er persönlich kannte:

Das gilt auch von Battista Opizo, bei dem Du im Zweifel bist, ob Du mehr die Klugheit oder das anständige Leben, mehr seine außerordentliche Sprachkenntnis oder sein ganz besonderes Geschick in der Heilkunst bewundern sollst...[20].

Die andere Meinung stammt von Erasmus von Rotterdam. In einem Brief an Battista Egnazio schrieb er am 6. Mai 1526 u.a.:

Der Leiter der Galen-Ausgabe scheint nicht einmal von den Anfangsgründen des Griechischen eine Ahnung gehabt zu haben.

Diese Äußerung von Erasmus steht im krassen Gegensatz zu der Einschätzung Agricolas. Sicherlich klingt bei Erasmus auch die Verärgerung über den für die damalige Zeit sehr hohen Preis dieser Gesamtausgabe der Werke von Galen mit. So schrieb er noch am 27. August 1528 an Johann a Lasco: "... allein der Galen kostet hier 30 Gulden...". Das war ihm entschieden zu viel.
Anschließend arbeitete Agricola an der Herausgabe der gesammelten Werke des Hippokrates mit, die im Mai 1526 in einem Band in Venedig erschienen. Außerdem war er auch, zumindestens zum Teil, an der 1528 veröffentlichten griechischen Ausgabe des Handbuches der Arzneikunde des Paulos von Aegineta beteiligt (überarbeitet und fertiggestellt war dieser Band bereits 1526).
Alle diese Schriften griechischer Gelehrter wurden kurz hintereinander herausgegeben. Die Übersetzung und die stilistische Bearbeitung dieser Texte war eine immense Arbeit. Fehler und Ungenauigkeiten ließen sich dabei nicht vermeiden.
Agricola hielt sich zwei Jahre in Venedig auf [21]. In dem Schreiben vom 1. Februar 1536 an den Zwickauer Rat schrieb er weiter:

Ein Jahr etwa hatte ich im Hause des Andreas Asulanus, des Schwiegervaters von Aldus Manutius, zugebracht, nicht mehr in Unruhe wegen der unbekannten Buchstaben, als ich ein Buch zu gesicht bekomme, das Asulanus in denselben Schriftzeichen gedruckt hat. Ich hole die unbekannten Buchstaben hervor. Ich sehe, es sind dieselben. Ich forsche nach, wem sie zugehören. Man sagt, den Kroaten...

Es handelte sich also um kyrillische Schriftzeichen. Agricola suchte nun unter Gelehrten und Geistlichen, die vom Balkan nach Venedig kamen, nach jemandem, der den Text deuten konnte. Schließlich fand er nach vielen Mühen den venezianischen Priester Stephan Paschalis, der viele Jahre in Serbien gelebt hatte und folgendes übersetzte:

Dieses ehrwürdige Kreuz ist hergestellt auf Befehl der Königin und in der Kirche der Heiligen Dreieinigkeit an der Krypta aufgestellt worden. Es finden sich darin fünf Splitter des hochheiligen Holzes, unversehrt, und vier Edelsteine. Die Holzsplitter sind für 2 000 Münzen gekauft worden; die Edelsteine und das Gold sind 1 000 Münzen wert. Wer einen Teil von dem Holze dieses Kreuzes gewaltsam aus der Kirche der Heiligen Dreieinigkeit raubt, unterliege dem Fluche Gottes und das ehrwürdige Kreuz vernichte ihn! An welchem Ort aber auch jemand das gestohlene (Stück) *findet, er soll es an die Kirche der Heiligen*

Dreieinigkeit zurückgeben; wer es nicht zurückgibt, den soll Gott und das ehrwürdige Kreuz vernichten!

Damit gelang die Entzifferung des in altserbischer Schriftsprache geschriebenen Textes. Ein Jahrzehnt verging noch, bis Agricola es dem Zwickauer Rat mitteilte. Es war Stephan Roth, der ihn anläßlich eines Besuches im Januar 1536 an seinen Auftrag erinnerte. Daraufhin beschrieb Agricola in dem Brief vom 1. Februar 1536 an den Zwickauer Rat seine Mühen. Die Zwickauer Ratsherren waren über Agricolas Erfolg sehr erfreut und sparten nicht mit Anerkennung: Sie verehrten ihm einen Becher aus reinem Silber im Werte von 15 rheinischen Gulden mit einem von Petrus Plateanus verfaßten Dichtichon folgenden Wortlautes:

Cygnei patres Lasio Patres consule mittunt
Agricolae doctis pocula digna labris.

Sinngemäß lautet dieser Text:

Zwickaus weiser Rat und der Bürgermeister Lasan senden
Diesen Becher, würdig den gelehrten Lippen Agricolas.

Solche Anerkennungsgeschenke waren damals üblich. Agricola hatte in einem weiteren Brief am selben Tage an Stephan Roth mitgeteilt, daß er eine Belohnung für seine Mühen erwarte:

Du aber wirst - bei unserer Freundschaft - meine Sorgsamkeit in dieser Angelegenheit dem Rate so empfehlend schildern, daß ich sehe, Deine Empfehlung ist keine alltägliche gewesen... .

Die Kreuzreliquie hat in Zwickau in der Zeit der Reformation und auch später so manchen Raubversuch überstanden. Im Dreißigjährigen Krieg wurde sie 1632 von Wallenstein nach der Einnahme Zwickaus in "Verehrung" der Stadt nach Wien gesandt. Dort ist sie aber niemals angekommen und gilt seitdem als verschollen.
In Venedig hat Agricola die umfangreiche Bibliothek des Aldus-Verlages genutzt. Gerade das Studium der Werke der griechischen Gelehrten zu medizinischen Problemen machte ihn darauf aufmerksam, daß die antiken Ärzte sehr viele Medikamente unter Verwendung mineralischer Rohstoffe herstellten und damit auch gute Heilerfolge erzielten. Das rief bei ihm den Wunsch hervor, sich näher mit den Bergwerksprodukten zu beschäftigen, um die Rezepte wieder

herzustellen, die "... das klassische Altertum zum höchsten Nutzen der Menschheit, aber auch zu seinem eigenen Ruhm bereits im Gebrauch ..." hatte [22]. Agricola sammelte darum schon in Venedig Hinweise zu Mineralen, Fundortbeschreibungen usw., die er in den Werken der Antike finden konnte. Er interessierte sich auch für andere Probleme seiner Zeit, wurde er doch gerade hier in Venedig mit vielen wirtschaftlichen, politischen, kulturellen, militärischen und sozialen Fragen konfrontiert. Er notierte sie und führte sie später in seinen zahlreichen Werken immer wieder als Beispiele, in Vergleichen mit antiken Auffassungen oder als geschichtliche Gegebenheiten an. Agricola erlebte Venedig in einer Zeit, als es wirtschaftlich, militärisch und politisch mit dem Osmanischen Reich zahlreiche Konflikte hatte. In dieser Zeit betrieben auch mehrere bedeutende Maler, wie Tiziano Vecellio (genannt Tizian), ihre Werkstätten erfolgreich, und Handel sowie Handwerk standen trotz der genannten Schwierigkeiten auf einem Höhepunkt.

Die Entwicklung Venedigs als Handelszentrum verlief anders als die der mitteleuropäischen Staaten. Die oberitalienischen Handelsstädte Venedig, Genua und Florenz waren seit Jahrhunderten Handelszentren für morgenländische Erzeugnisse, die von hier aus weiter über die Alpen nach Mitteleuropa gelangten. Zahlreiche Handelsgüter des Ostens hatten im 15. Jahrhundert das Kulturleben der Europäer erobert: Gewürze dienten zur Geschmacksverfeinerung von Speisen; weiche, farbenfreudige und schmiegsame Stoffe wie Seide wurde von den reichen städtischen Bürgern den groben und steifen Linnen und Wollgeweben vorgezogen; Edelhölzer, Elfenbein und Edelsteine verarbeitete man in Handwerksbetrieben zu kostbaren Möbeln und Schmuck. Der Warenstrom gelangte unter schwierigen Bedingungen aus den angeblich unwahrscheinlich reichen Ländern China (Reich des Großkahn), Japan (Zipanga) und Indien auf Kamelkarawanenstraßen und Fußpfaden in die Handelszentren Byzanz und Alexandria. Hier wurde er auf den Schiffen der italienischen Stadtstaaten, vor allem der Venezianer, nach Italien weitergeleitet. Von Venedig aus zogen die Handelsleute mit ihren Gütern auf Fernstraßen über die Alpen quer durch Europa bis Flandern, Skandinavien und Rußland.

Mit diesen zunehmenden Austauschbeziehungen entwickelten sich nicht nur die reichen oberitalienischen Handelsstädte, sondern auch andere europäische Zentren wie Augsburg, Nürnberg, Amsterdam, Leipzig, Breslau, Riga und Nowgorod. Der Gütertransport verlief in beide Richtungen: als Rückfracht beförderte man u.a. Salz, Holzkohle, Teer, Harz, Bernstein, Getreide und Pelze. Mitte des 15. Jahrhunderts wurde dieser Warenstrom plötzlich unterbrochen. Der Handel kam fast zum Erliegen und griff mit seinen sozialökonomischen Folgen tief in das Wirtschaftsleben Europas ein: Die Türken waren, bedingt durch die mongolischen Völkerwanderungen, über Kleinasien auf den Balkan vorgedrungen. Sie hatten im Jahre 1453 unter Mehmed II. das Zentrum des Byzantinischen Reiches, die Stadt Konstantinopel, erobert und damit dieses Großreich zerstört. Die Wirkungen auf den Fernhandel bekamen vor allem die beiden Handelszentren Venedig und Genua zu spüren. Die Handelsbeziehungen rissen zu den Städten am Schwarzen Meer ab und nicht nur das. Mehmeds Eroberungszüge richteten sich gegen die Apenninenhalbinsel, besonders gegen Venedig. Auch wenn es den Türken nicht gelang, Venedig in verschiedenen Kriegen zu besiegen, so schwebten doch noch jahrzehntelang Angst und Gefahr vor einer türkischen Invasion über dem Stadtstaat.

Es waren vor allem die Grausamkeiten gegenüber den Gefangenen und der Bevölkerung, die in ganz Europa Angst vor den Türken auslösten. Schon die Vorbereitungen von seiten der Türken zu einer erneuten Expansion in Europa brachten die Schrecken von einer "Türkengefahr". Die erste Hälfte des 16. Jahrhunderts war gekennzeichnet von politischen und militärischen "Verteidigungswellen" gegen die aus Südosten nach Mitteleuropa anrückenden Türken.

Ab 1518 eroberten die Türken weite Gebiete des Mittelmeerraumes und Südosteuropas: Sie besetzten die afrikanische Nordküste und deren Häfen (z.B. Algier), 1521 die Festung Belgrad und Teile Ungarns. Diese "latente Türkengefahr", die durch die Kaufleute Venedigs die ganze Stadt zu spüren bekam, erlebte Agricola in Venedig mit.

Während seines Aufenthaltes in Oberitalien bestimmte noch ein anderes Ereignis das Weltgeschehen. Die Armeen der beiden rivalisierenden europäischen Herrscherhäuser Habsburg und Valois stießen im Krieg von 1521 bis 1525 zusammen. In der Schlacht bei Pavia wurde am 24. Februar 1525 der französische König Franz I. vom kaiserlichen Heer gefangengenommen und nach Madrid gebracht. Diesen sich über Jahre hinziehenden Krieg sowie die politischen, wirtschaftlichen und militärischen Ereignisse, die sich in unmittelbarer Nähe bzw. im Zusammenhang mit den Interessen der Handelsmetropole Venedig vollzogen, hat Agricola genauso aufmerksam verfolgt wie das kulturell-künstlerische Leben und die sozialen Belange der Menschen. So findet man in seinen späteren Werken immer wieder Hinweise auf die Arbeit in den Künstlerwerkstätten (Herstellung von Farben durch Verwendung von Mineralen), auf den Handel und die unterschiedlichen Maße und Gewichte, auf die Gehälter der Professoren an den Universitäten, auf die Technologie der Glasherstellung von Murano oder auf historische Ereignisse und Baudenkmäler.

Während seines Aufenthaltes in Italien sammelte Agricola eine Unmenge an Fakten und leistete damit Vorarbeiten für seine zukünftige wissenschaftliche

Tätigkeit. Das Interessenfeld Agricolas war weit gefächert. Er suchte auch noch andere Städte auf: In Neapel war er auf Empfehlung von Freunden "... im Hause des kunstsinnigen Grafen Maddalonea..." und bei dem Altertumssammler Cesare Carduino [23]. Auch den Vesuv hat er bestiegen. Das geht aus seiner Beschreibung dieses Berges und dessen Bewaldung im Krater hervor, die er in seinen geologischen Schriften gibt [24], [25]. Damit hat Agricola die äußere Form des Vulkans vor seinem Ausbruch im Jahre 1631 festgehalten, ein Zeitdokument von unschätzbarem Wert!

In Rom hat sich Agricola mindestens zweimal aufgehalten. Im Frühjahr 1524 besuchte er gemeinsam mit dem Domherrn aus Eichstätt/Mittelfranken Moritz von Hutten, der in Padua studierte, Jacob Questenberg. Dieser Besuch bei dem damals höchsten deutschen Würdenträger am Vatikan, dem apostolischen Promotor, päpstlichen Geheimkämmerer und Tischgenossen des Papstes [26] läßt auf Agricolas Verbindung zu den höchsten katholischen Würdenträgern schließen. Einen weiteren Besuch in Rom erwähnt er in der 1546 erschienenen Schrift "Erzlagerstätten und Erzbergbau in alter und neuer Zeit" [27].

Georgius Agricola kam 1526 als Doktor der Medizin in seine Heimat Sachsen zurück. Bisher konnte noch nicht der Nachweis erbracht werden, an welcher Universität er promovierte. War sein medizinischer Ausbildungsweg dem seines Studienfreundes Johannes Naevius ähnlich? Dieser schrieb in seinem Lebenslauf, daß er nach eineinhalbjährigem Aufenthalt in Bologna am 6. Mai 1525 im Verlauf des Nachmittags in Ferrara zum Doktor der Medizin promoviert wurde, und zwar von dem herzoglichen Leibarzt Dr. Giovanni Manardi, einem ausgezeichneten Gelehrten, seinem hochzuverehrenden Doktorvater. In Ferrara hielt er sich nur 14 Tage auf. Dann ging er nach Padua, wo er den ganzen Sommer über Dr. Matteo de Corte und Dr. Francesco de Memoria hörte [28].

Es gelang bisher nicht, die Angaben von Naevius mit Archivmaterial der Universitäten zu belegen. Sollte für Agricola ein ähnlicher Abschluß anzunehmen sein? Bekannt ist, daß Studenten in der ersten Hälfte des 16. Jahrhunderts, wenn sie nicht über genügende finanzielle Mittel verfügten, gern an eine weniger bekannte italienische Universität gingen und dort promovierten. Grund dafür war, daß außer den recht hohen Promotionskosten (eine wissenschaftliche Arbeit brauchte man nicht zu verteidigen) zum anschließenden Promotionsschmauß alle Lehrer und Landsleute eingeladen werden mußten. Und das wurde häufig teurer als die Universitätsgebühren! Naevius konnte sich wahrscheinlich keine Promotion an einer von Deutschen bevorzugten Universität, wie der in Padua, leisten. Er schrieb selbst, daß er wegen seiner unzureichenden Mittel nicht länger in Italien verbleiben konnte und daß er deshalb im gleichen Jahr 1525 nach Chemnitz in sein Vaterhaus zurückkehrte.

Agricola schreibt über Johannes Naevius:

Da ich mit diesem zusammen in Italien studiert habe, so sind mir seine außerordentlichen Gaben wie seine hervorragenden Kenntnisse bestens bekannt...[29]

Im Spätsommer des Jahres 1526 verläßt Dr. Georgius Agricola Italien. "Agricola wird jetzt zu uns kommen mit dem kaiserlichen Heere. Das habe ich einem Briefe Haloanders entnommen ...", schrieb Valentin Hertel aus Zwickau 1526 an Stephan Roth in Wittenberg [30]. In einem anderen Brief, etwas später (ohne Datum) schreibt er ebenfalls an Stephan Roth:

Unser Agricola ist schon auf der Reise zu uns. Möge ihn der Allmächtige glücklich leiten. Wunderbares wird von dem Manne erzählt ....[31]

Das kaiserliche Heer zog über den Brenner. Agricola hat diesen Rückweg in die Heimat auch genommen. Ende September 1526 war er wieder in Zwickau. "Wir haben auch Doktor Agricola in diesen Tagen gesehen; er war unverändert", schrieb Noppus aus Zwickau am 30. September 1526 an Stephan Roth nach Wittenberg. Und weiter: "Es geht das Gerücht, die Chemnitzer hätten ihn zum Physikon (Stadtarzt) gewählt ..." [32].
Nach kurzem Aufenthalt bei seinem Bruder Franciscus in Zwickau begibt sich Agricola tatsächlich nach Chemnitz. Ob er hier die Stelle des Stadtarztes angeboten bekam, ist nicht bekannt. Das Gerücht bestätigt sich nicht: Agricola nimmt die Stadtarztstelle nicht an.
Agricola heiratet 1527 Anna Meyner, geb. Arnold, die Witwe des 1523 in Schneeberg verstorbenen Matthias Meyner. Er kannte sie sicherlich aus seiner Zwickauer Zeit, denn sein Lehrer Petrus Mosellanus war mit Matthias Meyner bekannt, und Agricola könnte durch dessen Vermittlung das Ehepaar Meyner kennengelernt haben.
Bis zum Herbst 1527 lebte Georgius Agricola in Chemnitz. Das Winterhalbjahr 1526/27 verlebte sein Freund Valentin Hertel bei ihm. Dieser hatte bis zum Sommer 1526 in Zwickau eine Lehrerstelle inne und bemühte sich nun von Chemnitz aus, eine neue zu bekommen. "Agricolas Empfehlungen helfen mir sehr...", schrieb er 1526 aus Chemnitz an Stephan Roth [33]. Im Mai 1527 bekam er eine Anstellung als Lehrer in Meißen [34].
Agricola bemühte sich nun um eine Stadtarztstelle im Erzgebirge.

Stadtarzt und Stadtapotheker in Joachimsthal

Georgius Agricola schreibt über die Beweggründe, die ihn im Herbst 1527 nach Joachimsthal (heute Jachymov) führten:

Als ich einst ... aus Italien, wo ich mich etliche Jahre mit den Ärzten und den Philosophen beschäftigt habe, nach Deutschland zurückkehrte, war mir nichts so wesentlich, wie mich ins Erzgebirge zu begeben, das zu diesen unseren Zeiten das silberreichste in ganz Europa ist. Hier angekommen, begann ich sogleich, mich mit glühendem Eifer dem Studium des Bergbaus zu widmen, weil ich fand, daß (dort) *das meiste viel bedeutsamer war, als ich erwartet hatte. Auf den Rat mir eng befreundeter Männer, die viel über mich vermochten, übernahm ich ein Jahr später in Joachimsthal Amt und Aufgabe ärztlicher Tätigkeit. Da nun verwandte ich die Zeit, die mir frei blieb von der Heilung der Kranken und die Aufrechterhaltung der Gesundheit, von der Sorge für mein Hauswesen, völlig teils darauf, Bergsachverständige zu befragen, teils darauf, die griechischen und lateinischen Schriftsteller zu lesen, vornehmlich die, von denen ich glaubte, sie hätten über die Bergwerke etwas hinterlassen* [1].

Joachimsthal, eines der Zentren der Silbererzgewinnung im Erzgebirge in der 1. Hälfte des 16. Jahrhunderts, bot Agricola mit der Vielfalt der hier geförderten Minerale und Gesteine gute Möglichkeiten für das Studium des Montanwesens. Ihn interessierten die Bergbauprodukte vom ärztlichen Standpunkt aus. Agricola war immer in erster Linie Arzt. Er schreibt:

Ich frage aber, wer wüßte nicht, von welch außerordentlichem Nutzen in der Medizin die Bergwerksprodukte sind, zumal in jenem Bereich, der durch Anwendung von Mitteln, die bei äußerer Verabreichung wirken, geheilt wird? ... Dabei hatte sie das klassische Altertum zum höchsten Nutzen der Menschheit, aber auch zu seinem eigenen Ruhm bereits im Gebrauch! Dies war zweifellos der Hauptgrund, weshalb ich meinen Wohnsitz an die Orte verlegt habe, wo vielseitiger Bergbau umgeht [2].

Georgius Agricola wollte also die beim Studium der Werke der griechischen und römischen Gelehrten wiedergefundenen Medikamente rezeptgerecht herstellen, um sie zur Heilung und Linderung von Krankheiten anzuwenden. Dazu wollte er sich näher mit dem Bergbau und dem Hüttenwesen, aber auch mit den unterschiedlichen Maßen und Gewichten bei der Herstellung von Medikamenten beschäftigen.
Hier in Joachimsthal gab es gute Möglichkeiten, sich in der Heilkunst und Arzneimittelherstellung zu bewähren: die Stadtarzt- und Apothekerstelle war durch den Weggang von Dr. Georg Sturz freigeworden.

Georg Sturz, Sohn eines Annaberger Gewerken und Fundgrübners, war ein bekannter Arzt. Er vertrat die Meinung, daß eine so junge Bergstadt wie Joachimsthal, die um 1526 bereits ca. 14 000 Einwohner hatte, ärztlich nur dann gut versorgt werden konnte, wenn auch die Herstellung von Medikamenten fachgerecht erfolgte. Er selbst hatte nach dem Medizinstudium in Erfurt und nach zwei mehrjährigen Aufenthalten in Italien zunächst im Jahre 1523 eine Professur der Medizin an der Universität Erfurt angenommen und war noch im gleichen Jahr Rektor geworden. Ein Jahr später ging er zunächst als Stadtarzt nach Annaberg und ab 1525 nach Joachimsthal. Hier blieb er bis 1527. Ab 1528 praktizierte er als Arzt in Erfurt. Für Georgius Agricola mag es eine große Ehre gewesen sein, der Nachfolger eines so berühmten und erfolgreichen Arztes in Joachimsthal zu werden.

Während der Rat einer Stadt das Privileg für die Errichtung von Apotheken vergab und die Ausübung dieser Tätigkeit nicht an eine Ausbildung an der Universität gebunden war, besetzte man die Stadtarztstelle nur mit einem "studierten" Mediziner. Zu den Aufgaben eines Stadtarztes gehörte es, den Rat in den Fragen der öffentlichen Stadthygiene und beim Seuchenschutz zu beraten. Auch die Beaufsichtigung der Apotheken, der Hebammen, der öffentlichen Badestuben, Bordelle, städtischen Spitale und Armenhäuser sowie die ärztliche Betreuung der Stadtarmut gehörten zu seinen Pflichten, um nur die wesentlichsten zu nennen [3]. Daneben durfte der Stadtarzt frei praktizieren. Diese Stadtarztstellen waren in reichen Handelsstädten und Wirtschaftszentren (wie zum Beispiel im Bergbau des Erzgebirges) wegen ihrer guten Einnahmen sehr gefragt. Die Aufgaben, Anweisungen und Befugnisse des Apothekers waren in der Joachimsthaler Stadtordnung von 1526 festgelegt.

Als Georgius Agricola im Jahre 1527 nach Joachimsthal kam, war diese Stadt nach Prag die zweitgrößte im Königreich Böhmen. Sie war eine junge Stadt, die Graf Stephan I. von Schlick erst im Jahre 1516 in der Nähe des Dorfes Conradsgrün in der böhmischen Herrschaft Schlackenwerth gegründet hatte. Hier waren zwei zueinander senkrecht stehende silberhaltige Gänge von einigen Zentimetern Mächtigkeit am Südrand des Erzgebirges (im Kontakthof des Eibenstocker Granites) entdeckt worden. Zu einer Besichtigung dieser Fundstelle von Silbererz lud 1515 der Besitzer der böhmischen Herrschaft von Schlackenwerth Graf Stephan I. von Schlick (zu Passau und auf Weißkirchen/Ungarn, Herr auf Elnbogen und Hartinberg/Böhmen) anläßlich einer Jagd von Karlsbad aus ein. Es beteiligten sich daran: Burggraf Alexander von Leisnig auf Penig (er war zugleich Besitzer der benachbarten böhmischen Herrschaft Hauenstein), Wolf I. von Schönburg (Besitzer der benachbarten nördlich gelegenen Herrschaft Hartenstein und Graupen/Böhmen) und Hans Hirnen

(Thumbshirnen, ein reicher Bergbautreibender aus Annaberg und Bürger der böhmischen Stadt Elnbogen/Karlsbad). Sie alle waren so begeistert von dem Silberfund, daß sie sich darauf einigten, gemeinschaftlich den Silberbergbau in Schwung zu bringen [4].
Die meisten Bergwerksanteile (Kuxe) hatten die Grafen von Schlick inne. Schon Mitte des Jahres 1516 war Joachimsthal ein großer Bauplatz. Das "Berggeschrei", die Kunde von den reichen Silberfunden, lockte die Menschen an. Und so wohnten bereits Ende 1516 ca. 1 050 Menschen hier; innerhalb eines Jahres (bis 1517) verdoppelte sich die Einwohnerzahl. Um den Bergbau voranzubringen und die Bergleute zu entlohnen (bereits 1517 drohten die Bergleute, nach dem benachbarten Buchholz abzuwandern, falls sie nicht gerecht entlohnt würden), borgte sich Graf Stephan von Schlick 1516 größere Geldmengen von dem reichen Bankhaus Welser aus Nürnberg [5] und im Jahre 1517 von den Welsern aus Augsburg [6]. Durch diese Schuldverschreibung floß das meiste Silber nach Nürnberg [7].
Das königliche Privileg vom 6. Januar 1520 erhob Joachimsthal zur freien Bergstadt, und sie erhielt eine eigene, den Schlicks gehörende Münzprägestätte. Um 1520 hatte die Stadt ca. 5 000 Einwohner. Seinen Namen bekam Joachimsthal, wie schon die auf der anderen Seite des Erzgebirges liegende Stadt Annaberg, nach dem biblischen Stammbaum. Danach waren Anna und Joachim die Eltern von Maria, der Mutter Jesus. Auf ähnliche Auslegungen sind auch die Städtenamen von Marienberg und Jöhstadt (ursprünglich Josefsdorf) im Erzgebirge zurückzuführen.
Die Entdeckung der Silbererze im Jahre 1515 im Böhmischen und die Beteiligung seines Landesherrn Wolf I. von Schönburg-Glauchau an dem hier einsetzenden Bergbau hat Georgius Agricola genauso miterlebt wie die im gleichen Jahr im Gebiet der Herrschaft Hartenstein gefundenen Silbererze bei Scheibe. Hier war der Fundgrübner Caspar Klinger aus Elterlein beim Abbau von Eisenerzen auf Silbergänge gestoßen [8]. Bereits 1516 errichtete der Bergmeister aus Elterlein Hans Hühnerkopf mit dem Einverständnis seines Landesherrn Wolf I. von Schönburg das erste Bergwerk. Dieser Silberfund wurde Anlaß zu Meinungsverschiedenheiten mit den benachbarten Wettinern, die das Bergregal für sich beanspruchten, denn die Grafschaft Hartenstein war seit 1456 wettinisches Reichsafterlehen [9] und als solches den Schönburgern verliehen. In einem Vertrag einigten sich 1517 die Brüder Wolf I. und Ernst II. von Schönburg-Glauchau und der sächsische Herzog Georg. Danach wurde eine gemeinsame Verwaltung der Bergwerke in allen schönburgischen Herrschaften vereinbart mit Ausnahme der Bergregalien, die den Schönburgern von der Böhmischen Krone verliehen worden waren, und gerade diese Lehen (die

Herrschaften Glauchau, Lichtenstein und Waldenburg) waren erst im gleichen Jahr den Schönburgern in Prag bestätigt worden [10].
Das schnelle Anwachsen der Bevölkerung von Joachimsthal führte zu erheblichen sozialen Spannungen innerhalb der Stadt sowie zwischen den Bergknappen und den Gewerken. Es kam mehrmals zu ernsten Meinungsverschiedenheiten, die in den Jahren 1517, 1522 und 1525 in Aufständen der Bergknappen gipfelten: Der "Joachimsthaler Aufstand" von 1525 fand zeitgleich mit dem Bauernkrieg statt. Die Bergknappen formulierten ihre Forderungen, ähnlich wie die Bauern im Deutschen Bauernkrieg, in 17 Artikeln. Es waren zumeist Beschwerden über soziale Mißstände in den Gruben und in der Stadt. Stephan I. von Schlick, von den Aufständischen zur Erfüllung einiger Forderungen gezwungen, machte jedoch nur Zugeständnisse, die im wesentlichen wirtschaftlicher Art waren oder die strenge Aufsichtspflicht über die Bergbeamten betrafen [11]. Alle Forderungen, die das soziale Gefüge ändern sollten, fanden bei ihm kein Gehör [12].
Zu Aufständen und Erhebungen kam es 1525 auch im Grenzbereich des Schlickschen und des benachbarten Schönburgischen Besitzes. Am 7. Mai überfielen Zwickauer und Bauern des Hartensteinschen Besitzes der Schönburger das Kloster Grünhain und zerstörten es, nachdem sie zuvor das Kloster in Aue überfallen hatten. Der Landesherr Ernst II. von Schönburg weilte zu diesem Zeitpunkt in Thüringen. Er war mit Herzog Georg von Sachsen zur Beschwichtigung der Bauern dorthin aufgebrochen und nahm am 15. Mai in der Schlacht bei Frankenhausen Thomas Müntzer gefangen. Als er von den Unruhen in seinem Besitz erfuhr, kehrte er sofort nach Glauchau zurück, ließ die Bauernführer ergreifen und streng bestrafen [13].
In diese junge, aufstrebende und widerspruchsvolle Stadt Joachimsthal zog es im Jahre 1527 Georgius Agricola. Hier wollte er den Bergbau und das Hüttenwesen kennenlernen und seine Studien zu Mineralen und Gesteinen betreiben. Neben seinen medizinischen Verpflichtungen fand Agricola genügend Zeit, sich bergmännische und hüttentechnische Kenntnisse anzueignen. Sehr schnell schloß er Bekanntschaft mit den Bergbausachverständigen, dem Stadtschreiber Bartholomäus Bach, Hüttenschreiber Lorenz Wermann und Schulmeister Petrus Plateanus. Georgius Agricola schrieb alles auf, was er über den Bergbau, über Minerale und Gesteine, deren Vorkommen und Lagerungsverhältnisse, ihren Abbau, ihre Aufbereitung und Verhüttung sowie über ihre Wirkung auf den arbeitenden Menschen erfahren konnte. Ebenso notierte er, was über den Bergbau in den Werken antiker Gelehrter zu finden war. Alle Hinweise prüfte er durch eigene Beobachtungen und fuhr selbst in Schächte und Stolln ein, besuchte Aufbereitungs- und Verhüttungsanlagen. Dadurch kam er zu eigenen

Schlußfolgerungen, die er zunächst in Joachimsthal sammelte. Agricola legte thematisch geordnete Manuskripte an. Petrus Plateanus, mit dem Agricola besonders engen Kontakt hatte, schrieb darüber 1530 im Widmungsschreiben zu Agricolas erstem bergmännischem Buch :

Da ich nun familiär und fast täglich mit dem Arzt Georgius Agricola verkehre, einem Menschen von besonderer Bildung und einem ausgezeichneten Kenner der griechischen wie der lateinischen Sprache, und da ich zudem die recht verborgenen Studien dieses Mannes kenne, kam mir, neben anderem, der Abriß von Büchern in die Hände, die jener über den Bergbau ausgearbeitet hat.

Dann kommt Plateanus zu folgendem Urteil:

Bei Gott! Welch eine Sorgfalt dieses Menschen, welch einen Arbeitsaufwand und welch ein scharfes Urteil fand ich dort! Was auch immer die alten und neuen Schriftsteller der Griechen und Römer über den Bergbau hinterlassen haben und was aus dem Untergang so großen Ausmaßes an Büchern übriggeblieben ist, hat dieser einzigartige Mann außerordentlich sorgfältig erörtert. Und darüberhinaus hat er alles, was in deutschen Bergwerken und besonders hier in Joachimsthal sich an Bezeichnungen finden läßt, peinlich genau abgewogen. Er hat nicht wenig von dem, was die berühmtesten Ärzte einst im höchsten Stadium der Arzneikunst anzuwenden pflegten, aus der tiefsten Finsternis, oder wie ich auch vielleicht besser sagen könnte, ans Licht gebracht.

Als er Agricolas Manuskript durchgesehen hatte, kam ihm der Gedanke, es zu veröffentlichen:

Ich wage aber nicht den Stoff jener Bücher, der bisher noch verstreut und unvollständig vorliegt, aus seinen Papieren anzurühren, um ihn zu publizieren. Und dies um so weniger, als Agricola selbst verspricht, er werde zu gegebener Zeit die Gelehrten nicht um den Genuß seiner Studien bringen [14].

Das Werk "Bermannus, sive de re metallica" (Bermannus, oder über die Sache der Metalle) hatte Agricola ursprünglich nicht für eine Veröffentlichung geschrieben. Es war für ihn eine Art Selbstverständigung, eine Einordnung der Probleme des Bergbaus in die sozialen und politischen Fragen seiner Zeit mit Vergleichen aus Werken antiker Gelehrter. Agricola läßt in dieser Schrift drei Männer ein Gespräch führen: Lorenz Wermann, er nennt ihn Bermannus, Dr. med. Johannes Naevius - seinen Studienfreund aus Chemnitz - und Dr. med. Wenceslaus Payer von Elnbogen [15], den Leibarzt der Grafen von Schlick, den er Ancon nennt. Dem Schulmeister Petrus Plateanus ist es zu verdanken, daß diese erste Studie Agricolas über den Bergbau veröffentlicht wurde. Zunächst legte Plateanus das Manuskript dem Berghauptmann von Joachimsthal, Heinrich von Könneritz, vor. Als dieser mit dem Inhalt einverstanden war, sandte er es in zwei Exemplaren nach Basel: eines an Erasmus von Rotterdam und eines an den Froben-Verlag Basel zur Drucklegung. Die Vermittlung zwischen Plateanus und Erasmus von Rotterdam übernahmen die beiden Söhne des Joachimsthaler Berghauptmannes Andreas und Christoph, die in Basel studierten. Andreas war ein Studienfreund von Agricola aus dessen Leipziger Zeit. Petrus Plateanus hatte in einem Schreiben vom 8. August 1529 an Erasmus von Rotterdam Georgius Agricola vorgestellt. Das wäre nicht notwendig gewesen, wenn sich Agricola und Erasmus bereits gekannt oder im Briefwechsel gestanden hätten. Für Erasmus war Agricola allerdings kein völlig Unbekannter, wie dessen Grüße an ihn, übermittelt von Casembroot aus Italien, zeigen. Der briefliche Kontakt begann erst im Jahre 1531, als sich Agricola nach dem Erscheinen seines "Bermannus..." bei Erasmus für das darin abgedruckte Widmungsschreiben bedankte. Die Widmungsschreiben von Plateanus und Erasmus sind zeitgenössische Wertschätzungen von Agricolas Leistungen. Erasmus schreibt z.B. darin:

Ich habe mich gewissermaßen "prestissimo", aber dennoch nicht unaufmerksam durch den Dialog Georg Agricolas über den Bergbau hindurchgelesen. Und ich kann nicht sagen, ob ich dies mit größerem Vergnügen oder mit größerem Nutzen getan habe. Das Neuartige des Gegenstandes hat mir sehr gefallen, die nebenbei dezent eingestreuten Scherze haben mich ergötzt, und wirklich erfreulich war der schlichte Stil, der an gewisse attische Vorbilder erinnert.

Erasmus schreibt dann weiter über Agricolas anschauliche Art der Schilderung in diesem Buch:

Besonders zog mich die Straffheit an, mit der die Probleme gewissermaßen vor Augen entwickelt werden. Mir schien, als ob ich jene Täler und Hügel, Gruben und Maschinenanlagen gleichsam sehen und nicht nur darüber lesen würde. Es hätte nicht viel gefehlt, daß mich - bei so vielen Gold- und Silberadern - die Lust nach solchen Dingen angewandelt hätte [16].

Erasmus spricht hier davon, daß ihm das "Neuartige des Gegenstandes" gefallen habe. Hatte Agricola mit der Darstellung des Bergbaus in Form eines Gespräches dreier gebildeter Männer Neuland beschritten? Nein. Den Bergbau in den Mittelpunkt einer Abhandlung zu stellen, das war an sich nicht neu. Bergmännisches Schriftum existierte schon vor dem Erscheinen von Agricolas "Bermannus ..." in verschiedenen Formen als Berg- und auch als Probierbüchlein. So hatte die Schrift "Judicium Jovis" von Paulus Niavis, ein Bergbau-

gespräch zu Ehren eines einflußreichen Zwickauer Geistlichen, von 1490 bis 1495 zwei Auflagen erreicht. Auch Ulrich Rülein von Calw veröffentlichte um 1500 "Ein nützlich Bergbüchlein". Es ist das erste geologische Lehrbuch. Zugleich wird darin mit einem Dialog über den Bergbau für die Anlage von Kaufmannskapital im Freiberger Bergbaurevier geworben. Ein ähnliches Anliegen verfolgte auch Hans Rudhart mit seiner speziellen Bearbeitung des Bergbüchleins von Rülein mit dem Titel "Antzeigung des Nauenn Breythberuffenen Berkwergks Sanct Joachimsthal" aus dem Jahre 1523[17]. Das sind nur einige wenige Beispiele der bekanntesten Bergbauliteratur vor dem Erscheinen von Agricolas "Bermannus ..." .
Neu in der Schrift war, daß Agricola in sachlicher Form drei Männer ein Gespräch führen läßt, in dem u.a. sowohl politische, technische, medizinische, philosophische, historische als auch geologisch-mineralogische, markscheiderische und wirtschaftliche Probleme angesprochen werden. Dazu einige Beispiele. Agricola läßt Bermannus über das Motiv der Bergbautreibenden folgendes sagen:

Wir sind ja fast alle Menschen, die auf Geld erpicht sind, und begehren, mit möglichst wenig Aufwand und möglichst geringer Arbeit in so kurzer Zeit wie möglich, reich zu werden. Deshalb sind all die vielen Häuser erbaut, so viele Schächte abgeteuft, so viele Stollen in den Bergen aufgefahren [18].

Bezeichnend ist, daß die Gesprächspartner Bermannus, Ancon und Naevius während ihres Aufstieges zu den bergmännischen Anlagen das Gesehene immer wieder mit den Aussagen antiker Gelehrter und der des Mittelalters (vor allem Albertus Magnus, Avicenna, Serapio, Rases) vergleichen. Das setzte eine genaue Kenntnis ihrer Werke durch Agricola voraus! So kamen die Gesprächspartner an einem Pferdegöpel vorbei, der ihr Aufsehen erregte. Sie verglichen die Technik der Antike und der Gegenwart und kamen zu folgendem Urteil:

Unsere Kunstmeister sehen sich durch die Tiefe der Schächte gezwungen, so große und viele Fördermaschinen auszudenken. Es gibt sogar noch bei weitem größere und technisch vollendetere Maschinenanlagen ... (in Geyer und Schneeberg haben die Schächte etwa 200 Lachter = 400 m Teufe). *Deshalb müssen auch unsere Maschinen bei weitem größer und kunstvoller als die antiken sein, zumal jene, die ziemlich tief in den Schächten selbst aufgestellt werden... Wahrhaftig sind sie* (Wasserhebemaschinen) *und andere Maschinen ähnlicher Art würdig, der Nachwelt erhalten zu werden* [19].

Unterirdische Wasserhebemaschinen, die hier erwähnt werden und die Agricola in seinem späteren Werk "De re metallica" zeichnerisch dargestellt hat, waren um 1380 im Freiberger Bergbau nach dem Abbau der Silbererze im oberflächennahen Verwitterungsbereich (Oxidationszone) bereits erforderlich. Um tiefer in die Erde vordringen zu können, mußten die Bergbautreibenden Vorrichtungen einsetzen, mit denen das unterirdisch in die Grubenbaue zufließende Wasser mittels Muskel- oder Wasserkraft auf das Niveau eines Stollen (und damit zum natürlichen Wasserabfluß) oder an die Erdoberfläche gehoben werden konnte. Von den Römern war dieses Prinzip der Hebung von unterirdischen Wässern durch Räder, die mittels Muskelkraft der Sklaven in Bewegung gesetzt wurden, bekannt. Bereits in der zweiten Hälfte des 14. Jahrhunderts unternahmen die wettinischen Landesherren mehrfach Schritte, um im Silberbergbau mit sogenannten "Wasserkünsten" tiefer in das Gebirge vorzudringen. So erließ der Markgraf von Meißen, Friedrich III., im April 1365 einen landesherrlichen Befehl über einen Stollenbau und die Errichtung einer "Kunst" im Freiberger Bergrevier [20] und schloß 1379 mit Prager und süddeutschen Bergbautreibenden Verträge zur Anlegung von Wässerkünsten ab. Um auch finanzielle Anreize für den Einsatz von Wasserhebevorrichtungen zu schaffen, gewährten die Wettiner den Bergbautreibenden, die eine gewisse Ausbeute an Silber erzielten, einen Zuschuß [21].

Nicht nur im Freiberger Revier wurde diese Technik eingesetzt. So gestatteten die Markgrafen von Meißen bereits im März 1390 dem Freiberger Münzmeister Nickel von Meideburg auf dem Bergwerk zum Ulrichsberg bei Wolkenburg an der Zwickauer Mulde (unweit Glauchau) und allen Bergwerken innerhalb einer halben Meile sowie dem Bergwerk zum Bleiberg bei Frankenberg (an der Zschopau) das Abteufen von "Kunstschächten" und die "Anstellung" von Pferden zum Betrieb des "Wasserkunstrades" [22]. Damit ist diese Technik bereits vor der Erwähnung durch Georgius Agricola in sächsischen Urkunden verankert.

Durch neue Silbererzfunde im letzten Drittel des 15. Jahrhunderts und zu Beginn des 16. Jahrhunderts bei Schneeberg, Annaberg, Joachimsthal, Scheibenberg, Marienberg und Oberwiesenthal, deren oberflächennahe Reichzonen sehr schnell abgebaut waren, wurden technische Vorrichtungen zur Wasserhebung typisch zu Agricolas Lebzeit. So wurde schon 1497 im Schneeberger Bergbau das Kunstgestänge eingeführt und um 1500 der Pferdegöpel mit dem Kehrrad sowie später 1554 die Stangenkünste (auch als Ehrenfriedersdorfer Kunstgezeug bezeichnet). Im Freiberger Bergbau, wo um 1168 die ersten Silbererzfunde im Erzgebirge gemacht wurden, war es Martin Planer, der ab 1557 und verstärkt ab 1564 eine größere Anzahl Kunstgezeuge einführte.

Zu Agricolas Zeit wurde zunehmend die Muskelkraft des Pferdes und, was noch entscheidender ist, die Wasserkraft in der Hebetechnik der Grubenwässer

eingesetzt. Das unterscheidet die Technik im 16. Jahrhundert von der der Römerzeit grundlegend! Bezeichnend ist auch, daß die Anwendung dieser Technik zu Agricolas Zeit hohe Investitionen erforderte. Das notwendige Geld war in erster Linie Kaufmannskapital, das gewinnbringend angelegt wurde und zu einer Hauptperiode der Silbergewinnung im Erzgebirge führte.
Sowohl im Freiberger Bergrevier als auch in anderen Revieren mußten zwei Jahrhunderte verstreichen, bevor im letzten Drittel des 18. Jahrhunderts neben Kunstgezeugen auch Bergwerksmaschinen einen erneuten Aufschwung in diesen Bergrevieren des Silberbergbaus brachten.
Auch die immer wieder in Agricolas Werk "Bermannus..." im Gespräch der drei Partner Ancon, Naevius und Bermannus gestellte Frage zur Verwendung der Minerale, Erze und Gesteine in der Medizin ist bezeichnend. Hier ein Beispiel:

Unsere Bergleute (verwenden) *den Gips* (in Doppeldeutung: gipsum = Gips = Glimmer) *in Größe einer Haselnuß, wenn sie an Durchfall leiden. Sie pflegen ihn fein zu zerstoßen und in bitterem Wein zu nehmen, und so sind schon viele von dieser Krankheit geheilt worden"* [23] *und "...diese bekannten Heilwirkungen kommen dem Gips ohne Zweifel zu. Die arabische Medizin aber heilt damit auch das Blutspucken ...Dioscurides überliefert, daß der Gips bei einem Blutverlust diesen stille, behauptet aber, daß ein mit Gips versetzter Trank ein Ersticken verursache...* [24].

Einem Gespräch zu Problemen der Alchimie (der Umwandlung von Substanzen auf experimentellem Wege) gehen die drei Männer aus dem Wege. Von der Alchimie halten sie nicht viel, von deren astrologischer und mystischer Verbrämung machen sie sich frei:

Naevius: Da handhaben eure Leute das "Silbermachen" (Ausschmelzen der Erze) *glücklicher als diese ahnungslosen und tolpatschigen Chemikaster!*

Ancon: Verwunderlich ist es nicht, daß diese Alchimisten nichts ausrichten, da sie ja so sehr weit vom Wege abweichen, der von den Arabern vorgeschrieben ist.

Bermannus: Sie folgen nicht einmal den Spuren der Griechen, sondern glauben den leeren Vorspiegelungen und bewußten Täuschungen neuerer Schriftsteller, die die Chemiekunst beinahe ganz und gar vernichtet haben.

Naevius: Lassen wir doch einmal die Chemie beiseite! Sonst lachen uns noch unsere Leute aus, die uns zuhören. Ihr wißt ja, wie sehr heute die Chemie als eine verdächtige Wissenschaft verlacht wird [25].

Ziemlich ausführlich gehen die drei Männer auf die sieben in der Antike bekannten Metalle Gold, Silber, Blei, Quecksilber, Zinn, Kupfer und Eisen ein und kommen zu der Feststellung: Es gibt noch ein achtes - das Wismut. In diesem Werk nennt Agricola zum ersten Mal dieses bis dahin schon als Blaufarbe (Cobaltblau) und zum Guß von Lettern in der Druckerei verwendete Wismut ein Metall. Bis dahin hielt man trotz der breiten Anwendung von Wismut an der antiken Vorstellung von den sieben Metallen und dem Einfluß der sieben Gestirne auf ihre Entstehung fest [26]. Im Zusammenhang mit der Erläuterung der einzelnen Metalle, vor allem der Silbervererzung, gibt Agricola einen ersten Überblick über die geologisch-mineralogisch-lagerstättenkundlichen Probleme des Joachimsthaler Reviers und erklärt bergmännische Begriffe wie z.B. Liegendes und Hangendes der Gänge, Klüfte usw.

"Das Neuartige des Gegenstandes", wie Erasmus es nannte, ist also sowohl Agricolas Sachkenntnis zu bergbau- und hüttenmännischen Fragen als auch sein Vergleich von Auffassungen antiker und zeitgenössischer Gelehrter zu sozialen und wirtschaftlichen Problemen.

Agricola läßt in diesem Werk schon erkennen (in seinen späteren Werken ist es noch ausgeprägter), daß er nach Anzeichen und Ansatzpunkten sucht, um Gesetze der Montanwissenschaft im weitesten Sinne (also einschließlich geologisch-mineralogisch-lagerstättenkundlicher und hüttentechnischer Probleme) zu finden. In diesem Werk beginnt er bereits, das reiche, oft verworren anmutende und auch mit dem Deckmantel des Geheimnisvollen umgebende Wissen der bergmännischen Tätigkeit in ein System zu bringen. Die Form dieses Werkes als Dialog und der Gegenstand, der Bergbau, waren nicht neu, wohl aber der sachkundige und leicht verständlich dargelegte Inhalt dieser Schrift!

Dazu kommt noch eines. Während Ulrich Rülein und Hans Rudhart ihre Büchlein in deutscher Sprache veröffentlichten, schrieb Agricola in der Sprache der Gebildeten, in Latein. Damit richtete er seine Schrift schon von vornherein an einen anderen Leserkreis: an die Angehörigen der weltlichen und kirchlichen Höfe, an Bergbeamten, Ärzte und Lehrer, also an die Gebildeten, die der lateinischen Sprache mächtig waren, an Adlige, Geistlichkeit und Gelehrte aller Länder. Latein war die allgemeine Verständigungssprache. Sie wurde an den Schulen gelehrt und war im Schriftwechsel der Gelehrten untereinander und auch im Staatsdienst gebräuchlich.

Noch eine Aussage aus Agricolas Werk "Bermannus..." soll hier erwähnt werden. Er nennt die Gründe, die ihn veranlaßten, den Dialog zu schreiben:

[1.] Es geschah zunächst zugunsten eines künftigen Werkes, das ich diesem Gegenstand gewidmet habe, um zugleich einen gewissen Vorgeschmack zum Studium zu schaffen.
[2.] Sodann geschah es, um die Menschen unserer Zeit aufzufordern, diesen Fragenkomplex sorgfältiger zu untersuchen.
[3.] Es bestand aber noch ein letzter Grund; denn mich bewog der Wunsch, den jeweiligen Heilkräften entsprechend ans Licht zu ziehen,was in unserem Deutschland in Bergwerken überhaupt gefunden wird, meines Wissens in der Antike unbekannt war [27].

Damit formulierte Agricola ein ganzes Programm für seine wissenschaftliche Tätigkeit in den nächsten Jahren, die Probleme des Bergbaus betreffend. Hier in Joachimsthal hat er begonnen, an den Schriften zu arbeiten, durch deren exakte Analysen er zum Begründer der Montanwissenschaften wurde. Von Petrus Plateanus wissen wir, daß Agricola zielgerichtet zu den einzelnen Sachgebieten des Bergbaus und Hüttenwesens Manuskripte anlegte. Doch es sollten noch 15 bis 25 Jahre vergehen, bis Agricola sie veröffentlichte.
Agricolas hatte den "Bermannus..." im Jahre 1528 fertiggestellt. Im folgenden Jahr unternahm Plateanus alle Anstrengungen, um das Buch und ein von ihm selbst verfaßtes lateinisch-deutsches Vokabular drucken zu lassen. Agricola schreibt darüber:

Dieses Büchlein haben Erasmus von Rotterdam, in unserer Zeit wohl der bekannteste Vertreter der Literatur, und Petrus Plateanus, der bekannte Grammatiker und angehende Arzt, neulich herausgegeben ...[28]

Auch Erasmus erwähnt in einem Schreiben an Agricola vom 29. August 1531 seine Mühen um die Herausgabe des Werkes:

... Daß meine Bemühungen bei der Herausgabe des Büchleins oder vielmehr meine Hilfeleistungen - denn den Anstoß hat Andreas von Könneritz gegeben - Dir nicht unwillkommen gewesen ist, ist mir sehr willkommen ...[29].

Mit den Empfehlungen von Erasmus war das Buch 1530 im Baseler Druck- und Verlagshaus Froben fertiggestellt worden und noch rechtzeitig zur Frankfurter Buchmesse erschienen. Die erste Auflage wurde ein großer Erfolg. Agricola galt von nun an als Bergbausachverständiger.
In keiner seiner späteren Schriften ist Agricola so vielseitig wie in diesem "Bermannus...". Man kann sogar sagen, daß in keinem anderen seiner späteren Werk seine Sachkenntnis zu so vielen verschiedenen Wissensgebieten deutlicher wird als in diesem.

In den folgenden Jahren verfaßte und veröffentlichte Agricola einige Schriften, in denen er sich vorwiegend nur zu einem Gegenstand äußert.
Im Herbst 1529 schreibt er eine "Rede von der Notwendigkeit des Krieges gegen den Türken, an Ferdinand, König von Ungarn und Böhmen, und die Fürsten Deutschlands" [30], kurz "Türkenrede" genannt. Hierin legt er seine Meinung zu politisch-militärischen Fragen des Kampfes gegen die Eroberung Europas durch die Türken dar.
Der türkische Sultan Suleiman II. griff in den 20er Jahren des 16. Jahrhunderts in den Konflikt der europäischen Fürstenhäuser um die Vorherrschaft in Europa ein, um seinerseits "ein Recht, wie er meinte, auf die Herrschaft der Erde, als 'Schatten Allahs über beide Welten' " [31] zu erkämpfen. Die türkischen Heerscharen zogen 1526 die Donau aufwärts zu Fuß, zu Pferde, begleitet von 800 Schiffen, die mit Mannschaft, Kriegsgerät und Verpflegung beladen waren. Auf nennenswerten Widerstand der Bevölkerung stießen sie zunächst nicht. Erst als sich ihnen Ludwig II., König von Böhmen und Ungarn, mit einem in aller Eile gesammelten Heer von 25 000 Mann entgegenstellte, wurde der Vormarsch in der Schlacht bei Mohacs/Ungarn vorübergehend gestoppt. Diesem Heer gehörte auch Stephan von Schlick, der Gründer Joachimsthals, an. König Ludwig II. fiel in dieser Schlacht, auch Stephan von Schlick kehrte nicht wieder zurück [32].
Der jetzt einsetzende Kampf um die böhmisch-ungarische Königswürde, der nahezu zwei Jahrzehnte dauerte, wurde von den Türken immer wieder geschickt für ihren Vormarsch nach Mitteleuropa genutzt. Anspruch auf die Königskrone hatte nach dem Erbrecht der Erzherzog von Österreich, Ferdinand von Habsburg, der Schwager des gefallenen ungarischen Königs und Bruder Kaiser Karl V. Er wurde von seinen Anhängern am 22. Oktober 1526 auf dem Landtag von Preßburg/Slowakei zum König von Böhmen und Ungarn gewählt, 1527 wurde er in Prag zum König von Böhmen gekrönt. Wenig später, am 10. November 1526, ließ sich der Wojewode Zapolyany, der die Unterstützung des türkischen Eroberers hatte, in Stuhlweißenburg (Szekesfehervar/Ungarn) zum König ausrufen. Der Kampf beider um den Anspruch auf die Königswürde wurde in den nächsten Jahren zugleich ein Kampf gegen die Türken, die weiter die Donau aufwärts vorrückten. So zogen sie 1529 mit einem etwa 100 000 Mann starken Heer bis nach Österreich und belagerten vom 24. September bis 14. Oktober Wien erfolglos. Der türkische Sultan Suleiman II. brach die Kampfhandlungen ab, "weil Wien die Residenz des Sultans des Winters und das Vaterland des Frostes und der Kälte ist" und zog sich mit seinem Heer nach Ungarn zurück. Damit waren aber weder seine Eroberungsabsichten noch die Machtkämpfe der europäischen Fürstenhäuser um die Vormachtstellung in

Europa beendet. Die Kämpfe flammten immer wieder auf. Die Angst vor den Türken blieb.
Viele namhafte Männer verfaßten in dieser Zeit Schriften mit Vorschlägen zur Abwehr der "Gefahr vor den Türken". Auch Georgius Agricola gehörte zu ihnen. Seine Schrift ist keine populäre Flugschrift. Er richtete sie im Dezember 1529 an seinen damaligen Landesherrn, an den Habsburger Ferdinand von Böhmen und Ungarn, den er schon durch seine Anrede als den rechtmäßigen Erben der Königswürde ansieht.
In den ersten Zeilen seiner "Türkenrede" bringt Agricola das Anliegen seiner Schrift zum Ausdruck:

Das Empörende der Lage, nicht Anmaßung, veranlaßt mich, mich über die Notwendigkeit eines Krieges gegen die Türken zu äußern. Ich hoffe, ich kann das gerade mit größerer Aussicht auf Wirkung tun als irgend jemand in der vergangenen Zeit, einmal, weil ich vor ebenso klugen wie edlen und großzügigen Männern sprechen werde, wie vor allem, weil die Grausamkeit dieses Tyrannen nunmehr auch unsere Landsleute gegen ihn derartig aufgebracht hat, daß sehr viele bereit scheinen, geradezu mit Leidenschaft gegen einen so ruchlosen Feind die Waffen zu ergreifen [33].

Agricola ist von der Notwendigkeit eines geschlossenen Verteidigungskampfes aller deutschen Fürsten gegen die Türken überzeugt, das zeigt auch der Aufbau seiner Schrift:
1. Er begründet die Notwendigkeit eines Verteidigungskrieges gegen die Türken: "Dieser Krieg ist ein frommes und gerechtes Werk."
2. Er gibt Ratschläge über die Art des Krieges: "Der Krieg ist leicht und hat Aussicht auf einen Sieg" bei der guten Einstellung der Deutschen zum Verteidigungskrieg.
3. Er entwickelt Vorschläge über die Art der Kriegsführung.
4. Er unterbreitet Vorschläge, wie Verbündete für einen Krieg gegen die Türken gewonnen werden können.
Auch wenn Agricola hier kaum einen Gedanken äußert, den nicht schon andere vor ihm ausgesprochen haben, so ist seine Schrift doch kraftvoll und begeisternd und zeigt sein Nationalbewußtsein. Seiner Meinung nach sollte in einer Konföderation aller europäischen Fürsten unter der Führung des Herrscherhauses der Habsburger gegen die Türken vorgegangen werden. In dieser Auffassung war Agricola jedoch ein Utopist. In dieser Phase der deutschen Geschichte stellten die Partikularfürsten ihre Hausmachtinteressen über die des Reiches, ein einheitliches Vorgehen gegen die Türken kam nicht zustande.

Der Schrift von Agricola, die er in lateinischer Sprache schrieb, erging es zunächst wie vielen anderen ähnlichen auch: Sie wurde wenig beachtet. Lorenz Wermann gab sie 1531 erneut gleichzeitig in Dresden und Nürnberg heraus, jedoch übersetzt in deutscher Sprache. Wermann selbst war so sehr von der Richtigkeit des Kampfes gegen die Türkengefahr überzeugt, daß er sich freiwillig dem Aufgebot seines Landesherrn anschloß. Er ist im Kampf gegen die Türken 1532/33 in der Zips gefallen. Als die Türken Ende der 30er Jahre erneut einen Vorstoß gegen Mitteleuropa unternahmen, gab Georg Fabricius, ein späterer Freund Agricolas, die Rede nochmals 1538 in Latein heraus. Die Schrift blieb noch lange aktuell. Sie wurde in den Jahren 1593 bis 1603 bei weiteren Eroberungsversuchen der Türken in mehreren Auflagen wieder gedruckt.

Außer mit diesen politisch-militärischen Fragen seiner Zeit beschäftigte sich Agricola in Joachimsthal sehr eingehend mit Maßen, Münzen und Gewichten. Anlaß für diese Untersuchungen war seine Tätigkeit als Apotheker, wurde er doch immer wieder mit den unterschiedlichen Maßen und Gewichten bei der Herstellung von Medikamenten sowohl nach herkömmlichen Rezepten als auch auf Grund der Angaben der antiken Mediziner konfrontiert. Andererseits war es schwierig, in einem Grenzort wie Joachimsthal, wo Böhmen, das Kurfürstentum und Herzogtum Sachsen sowie die Schönburgischen Herrschaften zusammenstießen, die Vielzahl der im Umlauf befindlichen Münzen zu überschauen, denn sie wurden ständig umbewertet oder außer Kraft gesetzt. Hinzu kam, daß der Anfang des 16. Jahrhunderts zwischen der Albertinischen (herzoglichen) und Ernestinischen (kurfürstlichen) Linie des Wettinischen Herrscherhauses ausgebrochene sächsischen Münzstreit seine Auswirkungen bis ins Böhmische und damit bis in das Joachimsthaler Bergbaurevier hatte.

In den 20er Jahren erfuhr die bis dahin im Grenzbereich zwischen Sachsen und Böhmen übliche gegenseitige Anerkennung der Währung eine Änderung. Joachimsthal hatte durch den Beschluß des böhmischen Landtages vom 15. Januar 1520 eine eigene Münzstätte erhalten. In dem Beschluß heißt es, daß "größere Groschen von Einviertel, Einhalb und ganzen Gulden" mit dem Bild Joachims und dem Wappen des Grafen von Schlick mit der Jahreszahl ihrer Prägung geschlagen werden sollten. Dieser neue Guldiner, der "Joachimsthaler" oder kurz "Taler" genannt, wurde entsprechend einer Vereinbarung mit den sächsischen Fürsten mit sächsischem Münzfuß ausgegeben. In den 20er Jahren des 16. Jahrhunderts waren sich die beiden sächsischen Landesherren Kurfürst Johann Friedrich und Herzog Georg aber nicht mehr einig über die Beibehaltung eines gemeinsamen Münzfußes (Silbergehalt der Münze). Der Streit führte von 1528 bis 1534 zu einer Münztrennung, in deren Ergebnis die gemeinsame

Prägung der Münzen in Schneeberg eingestellt wurde. Herzog Georg prägte in Freiberg, Annaberg und Leipzig "nach altem Schrot und Korn", wie er ausdrücklich auf seine Münzen schreiben ließ. Der Kurfürst dagegen ließ in neuen Münzstätten in Zwickau und Buchholz Gulden prägen, die statt 21 Groschen nur 19 Groschen 8 Pfennigen wert waren, aber vollwertig sein sollten [34].
In Joachimsthal war die Münzverwirrung um 1530 noch größer als im benachbarten Annaberg und Buchholz: Beide sächsischen Guldiner mit unterschiedlichem Silbergehalt waren im Umlauf, außerdem der Joachimsthaler mit dem Bildnis des Schlickschen Grafen und ab 1528 (in diesem Jahr verloren die Schlicks ihr Prägerecht an den böhmischen König) ein neuer böhmischer Taler.
Als der sächsische Münzstreit seinen Höhepunkt erreichte, erschienen drei Streitschriften über die Fragen der Münzverringerungen, die von außerordentlichem volkswirtschaftlichen Interesse sind:

1. Eine Schrift von der Albertinischen Seite "Geeyne Stimmen Von der Muntz", 1530 Dresden.
2. Eine Ernestinische Gegenschrift "In Münzsachen. Beantwortung und Berichtigung der hauptsächlichsten Punkte und Artikel des Büchleins", Wittenberg 1530.
3. Eine weitere Albertinische Schrift "Apologia" (ohne Druckort und Jahr, 1531?).

Vergleicht man den Inhalt und den Stil dieser beiden Albertinischen Schriften mit Aussagen aus den Werken von Agricola, besonders mit seinem 1549 erschienenen Werk "De precio metallorum et monetis libri III" (Preis der Metalle und Münzen, drei Bücher) [35], so kommt man zu der Feststellung, daß die anonymen Albertinischen Schriften Agricolas Auffassungen sehr ähneln. Sie könnten der praktische, sich durch eine Stellungnahme zur Münzpolitik der Zeit auszeichnende Teil seiner vorwiegend historisch angelegten Werke "Maße und Gewichte der Römer und Griechen, fünf Bücher"(De mensuris et ponderibus Romanorum atque Graecorum libri V) [36] und "Preis der Metalle und Münzen, drei Bücher" sein. Ersteres Werk hatte er bereits 1531/1533 fertiggestellt. Es erschien 1533 im Verlag Froben in Basel. Das letztere war 1531 als Manuskript erarbeitet. Es erschien aber erst 1549 im Sammelband mit Agricolas metrologischen Schriften.
Ab Herbst 1527 war "Doctor Agricola von Glauchau" Stadtarzt von Joachimsthal. Im Herbst 1530 ist hier Magister Magnus Hund Stadtarzt. Wann und warum Agricola die Arztstelle aufgegeben hat, und wann er Joachimsthal verließ, konnte noch nicht ermittelt werden. Spätestens jedoch ab Herbst 1531 wohnte er in Chemnitz.

Abb. 15: **Spital oder Friedenskirche**
Älteste Kirche der Stadt, etwa 1516 erbaut. Sie erhielt 1520 eine Orgel und 1533 eine Kassettendecke. Neben der Kirche befand sich das Spital, das 1530, als Georgius Agricola Stadtarzt war, durch Spenden am Silberbergbau reichgewordener Bürger eingerichtet wurde. (Nach längerer Renovierung am 23. August 1993 neu geweiht.)

Abb. 16: **Rathaus am Markt**
Erstes Gebäude wurde 1531 vom Grafen von Schlick erworben, brannte aber bereits 1538 ab. Den Neubau von 1540 bis 1543 (Renaissance) hat Georgius Agricola gekannt. Bei Stadtbränden 1782 und 1873 erneut beschädigt und anschließend umfangreicher wiedererrichtet.

Abb. 17: **Nordöstlicher Eckturm des Schlosses Freudenstein**
Das Schloß wurde 1517 unter Graf Stephan I. von Schlick auf dem Schlottenberg erbaut. Es war Amtssitz des Berghauptmannes Heinrich von Könneritz. Georgius Agricola verdankte seinem Sohn Andreas den Kontakt zu Erasmus von Rotterdam.
Das Schloß brannte 1636 ab und ist seitdem Ruine. Der Turm gilt als das Wahrzeichen der Stadt und wurde jahrhundertelang als Wohnung des Feuerwächters genutzt.

Abb. 18: **Südlicher Eckturm des Schlosses Freudenstein**
Turm war Teil der Burgummauerung. Er wurde jahrhundertelang als Pulvermagazin für die Aufbewahrung von Sprengmitteln für die unterirdischen Sprengungen in den Bergwerken genutzt.

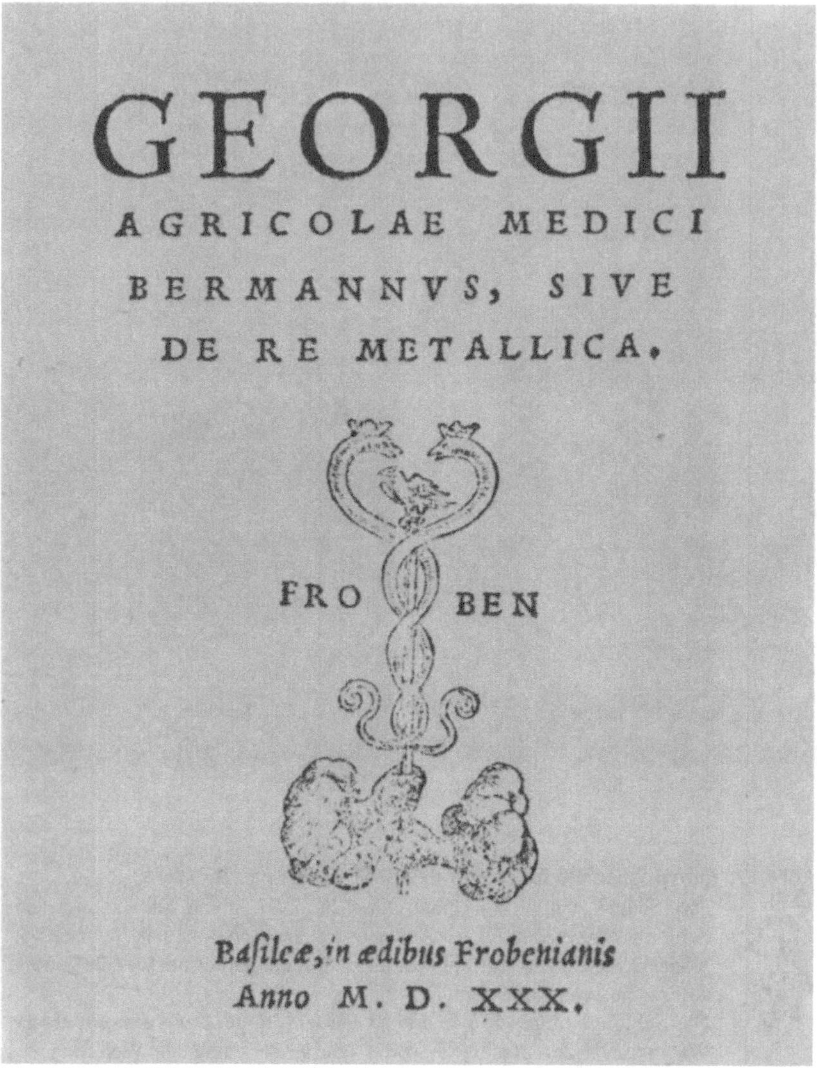

GEORGII
AGRICOLAE MEDICI
BERMANNVS, SIVE
DE RE METALLICA.

FRO BEN

Basileæ, in ædibus Frobenianis
Anno M. D. XXX.

Abb. 19: **Titelseite „Bermannus, ..." von 1530**
Originalausgabe von Georgius Agricolas Werk, erschienen im Verlag Froben Basel.
(Aus: Georgius Agricola - ausgewählte Werke, Berlin 1955, Bd.I)

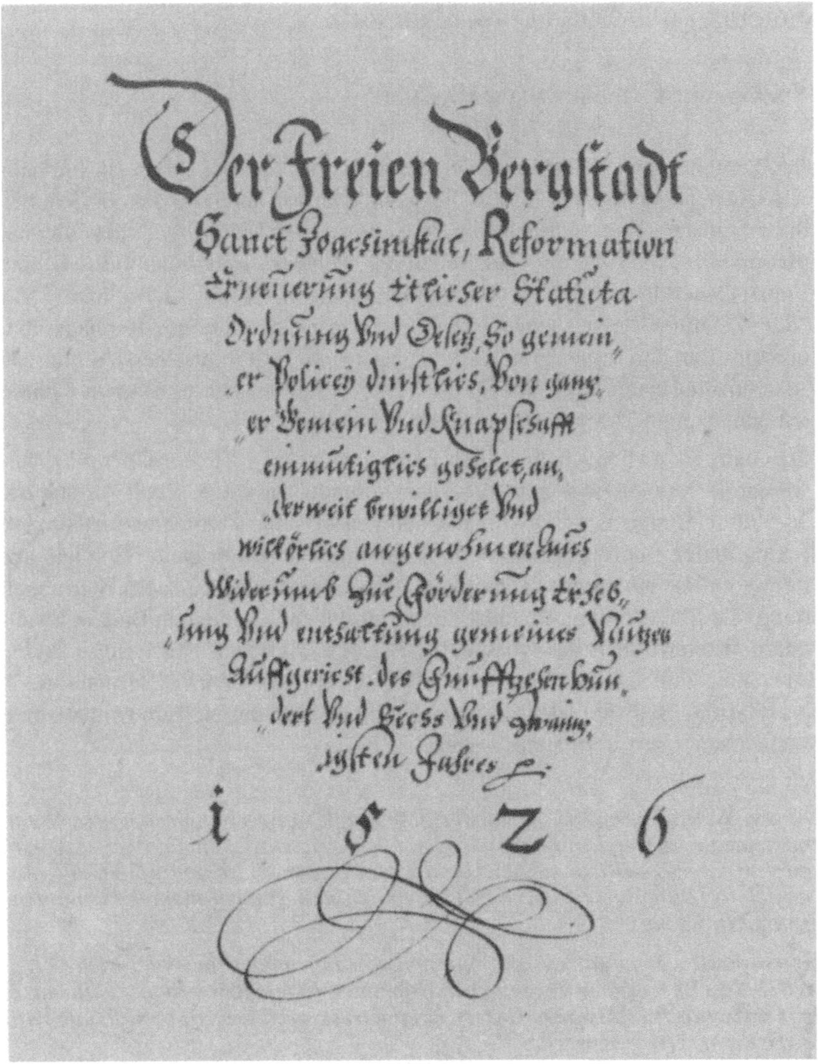

Der Freien Bergstadt
Sanct Joachimsthal, Reformation
Erneuerung etlicher Statuta
Ordnung und Gesetz, So gemein
er Policey dienstlich, Von ganz
er Gemein und Knappschaft
einmütiglich gesetzet, an
derweit bewilliget und
willkürlich angenommen, aus
Widerumb zur Förderung, Erheb
ung und entsetzung gemeines Nutzen
Aufgericht. des Funfzehenhun
dert und Sechs und zwanz
igsten Jahres
1526

Abb. 20: **Titelseite des Statutes der freien Bergstadt Joachimsthal von 1526**
Das Statut enthält auch Anweisungen, Befugnisse und Aufgaben des Stadtapothekers, an die sich Georgius Agricola als Stadtarzt und Stadtapotheker halten mußte.

Stadtarzt und Bürger von Chemnitz

Stadtarzt und Montanwissenschaftler

In Chemnitz, ihrer Geburtsstadt, besaß Agricolas Ehefrau Anna ein Freihaus "..gelegen gegenüber der Badestube, wenn man von der Sankt Jakobs-Kirchen in das Kloster geht..." [1]. Nach dem Tode ihres ersten Mannes Matthias Meyner (er verstarb 1523) war das Haus im Kirchgäßchen zwischen Jakobikirche und Franziskanerkloster in ihren Besitz übergegangen. Herzog Georg hatte 1515 "dem Zehntner Meyner sein neuerbautes Haus in Chemnitz zum Freihaus, aber nur für seine und seiner Frau Lebzeit" [2] gemacht. Mit ihrer Übersiedlung von Joachimsthal nach Chemnitz im Jahre 1531 ließ sie dieses Haus auf ihren jetzigen Namen "Anna doctor peuerin" eintragen.

Dr. Georgius Agricola hatte seinen Wohnsitz ab Herbst 1531 in Chemnitz. Nur wenige Dokumente belegen Agricolas Aufenthalt in dieser Stadt Anfang der 30er Jahre. Einige dieser Dokumente nehmen auf seine Vermögensverhältnisse Bezug. Seine Ehefrau Anna hat wahrscheinlich aus ihrer ersten Ehe und aus ihrer Familie, dem reichen Chemnitzer Patriziergeschlecht Arnold, Vermögen mit in die Ehe gebracht, das durch gewinnbringende Anlage in Bergwerksanteilen (Kuxen) auch die wirtschaftliche Lage Agricolas verbesserte. Seine Ansichten zum Kauf von Grubenanteilen läßt er in der Schrift "Bermannus ..." die Gesprächspartner, den zögernden Ancon und den selbstbewußten und sachverständigen Bermannus, sagen:

Ancon: Nun, man muß doch beim Bergbau große Aufwendungen machen. Wenn mich da nun meine Hoffnung betrogen hat, dann würde ich glauben, daß man mich mit Recht auslachen kann. Denn ich hätte ja mein sicheres Geld auf ganz unsichere Dinge gewendet und würde mich unbesonnen meines Vermögens entäußert haben.

Bermannus: Deine allzu große Vorsicht wird dir immer im Wege stehen! Du wirst niemals ein guter Bergmann und niemals ein reicher werden, ... Mit einem zaghaften und furchtsamen Herzen hat noch niemand etwas geschafft und wird auch nichts fertig bringen....

Zaghaft und furchtsam war Agricola nicht. Er kaufte Anteile der Grube "Gottesgabe" bei Abertham, einem Ort in der Nähe von Joachimsthal. Diese Grube, die auf dem St. Lorenz-Gang abbaute, wurde 1528 fündig. Darüber schreibt Agricola:

(Sie) *schüttete ... eine solche Menge gediegen Silber aus, wie keine von denen, die es zu unserer und unserer Väter Zeit gegeben hat, mit alleiniger Ausnahme der Grube Georg in Schneeberg. Ich genieße durch Gottes Güte die Werte dieser "Gottesgabe" als Teilhaber schon seit der Zeit, da uns die Grube diese Möglichkeit geschenkt hat* [3].

Ob Agricola noch von anderen Gruben Kuxe besaß, ist nicht bekannt. Seine Familie gehörte jedoch bei ihrem Umzug 1531 zu den vermögendsten Familien in Chemnitz, die zugleich als Repräsentanten der frühkapitalistischen Entwicklung gelten. Zu ihnen gehörten die Familien Schütz, Arnold, Freiberger, Hobler, Kinder, Agricola, Neefe, Wildeck, Gross, Thiele, Kupferschmied, Straube, Eberling, Schulz [4]. Sie waren alle maßgeblich an der Erschließung der Silbererzvorkommen im Erzgebirge, an den Hüttenunternehmungen um Chemnitz sowie im Tuch- und Leinwandhandel und im Geldverleih tätig.
Georgius Agricola gehörte auch zu den Geldverleihern. Er lieh dem Abt des Chemnitzer Benediktinerklosters Hilarius von Rehberg die große Summe von 1000 Rheinischen Gulden. Als Vergleich dazu Agricolas Einkommen als Stadtarzt von Chemnitz, das jährlich 30 Rheinische Gulden betrug! Im Staatsarchiv Dresden befindet sich eine Urkunde vom 1. September 1533, aus der hervorgeht, daß Agricola dem Abt das Geld zu "21 Groschen je Gulden Verzinsung" lieh. Der Inhalt dieses Schreibens zeugt von Agricolas Geschäftssinn und seiner Vorsicht in finanziellen Dingen. Es heißt darin unter anderem, daß der Abt dem "... Achtbarn vnd Hochgelehrten Hern Georgie pawer sunst agricola der Erczney Doctori ..." die drei Klosterdörfer Helbigsdorf, Kappel und Schönau (heute alles Stadtteile von Chemnitz) als Sicherheit zum Pfand geben mußte, wenn das Kloster die Zinsen nicht zahlen könne. Außerdem mußte sich der Abt verpflichten, daß die Verschreibung über 1000 Rheinischen Gulden lautet: "... an guten groschen des alten schrots vnd korns" [5]. Hier zeigt sich, wie wenig Agricola der Stabilität des Gulden Anfang der 30er Jahre traute. Er selber wollte durch den Geldverleih keine Einbußen erleiden! Wie recht er mit dieser Vorsicht hatte, soll nur kurz angedeutet werden: Erst etwa 130 Jahren später, in den Jahre 1664, 1666, 1667 ist die Summe vom Rat der Stadt Chemnitz, in dessen Eigentum die Schuldscheine in der Zwischenzeit durch den Kauf des Klosters im Jahre 1546 gelangten, beglichen worden.
Offenbar kannte Agricola den Abt gut. Hilarius von Rehberg war am 20. November 1522 von Bischof Johann VII. von Meißen und den herzoglichen Räten Ernst II. von Schönburg und Antonius von Cospoth in sein Amt als Abt des Benediktinerklosters in Chemnitz eingeführt worden. Zuvor war er Abt seines Ordens in Goseck im Bistum Halberstadt [6]. Er übernahm das Chemnitzer Kloster als einen großen Bauplatz, denn sein Vorgänger, Abt Heinrich von

Schleinitz, hatte nacheinander umfangreiche Neu- und Umbauten an der Klosteranlage durchführen lassen [7], und die Klosterkirche, das größte und teuerste Bauvorhaben, wurde erst unter Abt Hilarius vollendet. Abt Hilarius war ein sehr geschätzter Ordensbruder: Herzog Heinrich von Sachsen trug ihm 1526 die Patenschaft über seinen Sohn August (den späteren Kurfürsten) an [8], und 1529 begab sich der schwerkranke Wolf I. von Schönburg, Agricolas Landesvater, in das Chemnitzer Kloster, wo er im gleichen Jahr starb. Wolf von Schönburg war viele Jahre Statthalter beim Erzbischof von Magdeburg und Mainz in Halle und damit zugleich zuständig für das Bistum Halberstadt. Bei dieser Tätigkeit wird er Hilarius von Rehberg kennengelernt haben [9]. Es ist zu vermuten, daß Agricola aufgrund seiner guten Beziehungen zu Wolf I. diesem ärztlichen Beistand gewährt hat.

In Chemnitz war ab der 2. Hälfte des 15. Jahrhunderts verstärkt Kaufmannskapital aus dem süddeutschen Raum und aus Leipzig in das Montanwesen und in das Textilgewerbe investiert worden. Verkehrsgünstig am Kreuzungs- und Knotenpunkt zweier wichtiger Fernhandelsstraßen (der “Salzstraße” nach Böhmen und der “Frankenstraße” nach Dresden) gelegen, hatte Chemnitz sowohl im Fern- als auch im lokalen Handel als Versorgungszentrum des Erzgebirges eine andere wirtschaftliche Entwicklung genommen als Zwickau und Leipzig. Um 1500 war die Stadt Chemnitz eine typische Marktort- und Händlerstadt mit zwei bereits frühkapitalistisch produzierenden Unternehmungen: mit der im Jahre 1357 gegründeten Leinenbleiche und der um 1470 entstandenen Saigerhütte.

In den ersten Jahrzehnten des 16. Jahrhunderts bestimmten die Familien, die an den Bergwerks- und Hüttenunternehmungen einschließlich des Metallhandels beteiligt waren, das wirtschaftliche Leben von Chemnitz. Da die Aufschlußarbeiten für Bergwerksanlagen und der Bau von Hütten größere Kapitalmengen erforderten, kamen mit dem Kapital auch einige Familien aus Süddeutschland und Leipzig nach Chemnitz, wie zum Beispiel die Gebrüder Schütz aus Nürnberg.

Daneben bestimmte das Textilgewerbe zunehmend das Wirtschaftsleben der Stadt. Die Anfänge der Textilherstellung reichen im Chemnitzer Raum mit dem Privileg der fürstlichen Bleiche für Leinengewebe von 1357 bis ins 14. Jahrhundert zurück. Da das Textilgewerbe geringere materielle und finanzielle Aufwendungen als der Bergbau erforderte, war es mehr Bürgern zugängig, warf aber zunächst weniger Gewinn ab.

In diesen beiden Branchen Montanwesen und Textilherstellung vollzog sich in der ersten Hälfte des 16. Jahrhunderts ein Wechsel in der städtischen Führungs-

schicht, mit dem Georgius Agricola einige Jahre später als Bürgermeister der Stadt konfrontiert wurde.
Georgius Agricola hat sich in den ersten Jahren nach seiner Übersiedlung nach Chemnitz zeitweilig in Joachimsthal aufgehalten. Erasmus von Rotterdam und sein Verleger Hieronymus Froben richteten noch bis zum Frühjahr 1534 Briefe an Agricola nach Joachimsthal [10]. Erst ab 1535 wird Agricola als Stadtarzt von Chemnitz oder, wie der offizielle Titel in der damals etwa 4 300 Einwohner zählenden Stadt lautete, als "Stadtleybarzt" in den Unterlagen des Stadtarchivs geführt. Eintragungen im Ausgabenbuch der Stadt Chemnitz weisen Dr. Georg Sturz von 1526 bis 1537 mit einem Sold aus, der dem eines Stadtarztes entsprach. Sturz könnte in dieser Zeit, in der er von 1525 bis 1527 als Stadtarzt von Joachimsthal nachweisbar tätig war und sich von 1531 bis 1537 mit unbekanntem Wohnort im Erzgebirge aufgehalten hat [11], für die ärztliche Betreuung der Städter von Chemnitz zuständig gewesen sein. Als in den Jahren 1534 und 1535 in Chemnitz die Pest herrschte, sind Sturz und Agricola in den folgenden Jahren mit gleichem Gehalt in dem Ausgabenbuch der Stadt aufgeführt. Die Besoldung als Stadtarzt war nicht hoch: In der Stadtkämmereirechnung des Jahres 1535 ist ein halbjährlicher Betrag von 5 Schock 15 Groschen eingetragen (1 Schock = 60 Groschen, 1 Gulden = 21 Groschen, also 315 Groschen = 15 Gulden Gehalt). In den nächsten Jahren wiederholten sich diese Ausgaben [12].
Über Agricolas Tätigkeit als Stadtarzt in Chemnitz ist wenig bekannt. In den Jahren größerer Seuchen (z.B. herrschte 1534, 1535 und 1537 die Pest in Chemnitz) wird er stärker in Anspruch genommen worden sein. Das stimmt auch mit seiner Besoldung überein, die sich bis 1538 nachweisen läßt. Ansonsten hat es in Chemnitz genauso wie in den anderen deutschen Städten eine gewisse Arbeitsteilung zwischen dem Stadtarzt, den Badern und den Barbieren gegeben. So ist bekannt, daß neben Agricola der Barbier Mats Hans von 1532 bis 1543 als Stadtwundarzt Kranke behandelte.
Mit seiner Übersiedlung nach Chemnitz arbeitete Agricola an der Vorbereitung und Fertigstellung von Manuskripten für spätere Veröffentlichungen. Er gibt in seinen Briefen an Freunde und Gelehrte über seine Pläne und wissenschaftlichen Ausarbeitungen bereitwillig Auskunft. Auch holt er sich so manchen Rat bei ihnen. In diese Zeit fällt sein Schriftwechsel mit Erasmus von Rotterdam, der bis zum Tode des großen Humanisten im Jahre 1536 andauerte.
In einem Schreiben vom 29. August 1531 erkundigte sich Agricola bei Erasmus nach einigen Gelehrten, die sich ebenfalls mit metrologischen bzw. bergbaulichen Fragen beschäftigten und ihre Ansichten veröffentlichten. Dazu

gehörte Henricus Cornelius Agrippa von Nettenheim. Erasmus schreibt Agricola in seiner Antwort die Meinung einiger befreundeter Gelehrter aus Brabant,

..., daß ich den Eindruck habe, sie billigen das Ungestüm des Mannes nicht und gestehen ihm mehr Eifer im Sammeln als Urteilsfähigkeit im Auswählen zu... Doch ich fürchte, die Tapferkeit des Mannes belastet die Wissenschaft mit übler Nachrede, falls wahr ist, was die Briefe der Freunde berichten. Das Büchlein von ihm zu sehen ist mir noch nicht geglückt, an mich hat er auch noch nie geschrieben...[13].

Agrippa veröffentlichte im Jahre 1530 eine Schrift unter dem Titel "De incertitudine et vanitate scientiarum et artium "(Über die Unsicherheit und Eitelkeit aller Wissenschaften und Künste). In dem 102 Kapitel umfassenden Buch widmete er das Kapitel 29 dem Bergbau (er nennt es "de metallaria"). Agrippa untersuchte hier also den gleichen Wirtschaftszweig, mit dem sich auch Agricola beschäftigte. Er zitierte einige Stellen aus Agricolas Buch "Bermannus ...", und zwar aus dem Widmungsschreiben von Erasmus. Agrippa hatte außerdem vor, ein umfangreiches Werk über den Bergbau zu veröffentlichen. Agricola wollte demnach von Erasmus erfahren, ob diesem Agrippa bekannt war und ob er ihn als Wissenschaftler ernst zu nehmen habe. Die Erwiderung von Erasmus wird ihn wohl beruhigt haben. Agricola hatte sich außerdem nach den beiden Italienern Andreas Alciatus und Leonhardo de Porto sowie nach dem Franzosen Guillaume Bude' (Budaeus) erkundigt, die zu metrologischen Problemen Schriften veröffentlicht hatten. Erasmus schrieb über Porto, daß er, "... wie ich höre, ein Mann (sei), der gleich gebildet wie gelehrt ist" und "Alciatus ist von lauterstem Charakter, so daß Du von ihm nichts zu befürchten brauchst." Über den dritten äußert er sich umfangreicher:

Budeaeus ist, obwohl er eine freiere Art hat, ein zu gütiger Mann, als daß er unwillig sein könnte über jemanden, der eine so wichtige Sache mit Beweisen darstellt ...

Zum Schluß des Briefes gibt er Agricola noch den Rat:

Schließlich: Mag auch unter Euch etwas Streit entstehen, wenn er nur diesseits der Zänkerei bleibt, wird Dich jenes hesiodische Wort trösten: Gut ist solcher Streit für die Sterblichen ...[14].

Bei diesen drei zeitgenössischen Gelehrten war Agricola offenbar unsicher, wie sie reagieren würden, wenn er sich in seinen metrologischen Schriften mit ihren

Auffassungen auseinandersetzen würde. Aber Erasmus beruhigt ihn und ermuntert ihn zu einem wissenschaftlichen Meinungsstreit, der dann auch in den späteren Jahren mit dem Italiener Alciatus zustande kam.
Agricola hatte sich in diesen Jahren um 1530 sehr intensiv mit metrologischen Problemen beschäftigt. In seinem Brief schreibt Erasmus weiter:

Das Werk, das Du über Maße und Gewichte in Arbeit hast, werde ich mit größtem Interesse lesen, sobald Du es mir schickst!

Diese Arbeit mit dem Titel "De mensuris et ponderibus Romanorum atque Graecorum" ("Maße und Gewichte der Römer und Griechen", kurz "Maße und Gewichte") erschien 1533 im Froben-Verlag in Basel. Es war das erste große Werk Agricolas mit grundlegenden Auffassungen über die antiken Maße und Gewichte. Es wurde zu einem unerwarteten Erfolg für ihn und fand bei den Gelehrten seiner Zeit und den Ärzten sofort Anerkennung. Agricola griff damit ein aktuelles Problem seiner Zeit auf. Er äußerte sich klarer und mit eindeutigeren wissenschaftlichen Beweisen zu metrologischen Fragen als es die Gelehrten bis dahin getan hatten. Dieses Werk begründete seinen Ruf als Chemnitzer Gelehrter!
Agricola kannte die Veröffentlichungen von Alciatus, Bude' und Porto. Auch Melanchthon hatte 1529 in Nürnberg ein Wörterbuch der Maße und Münzen veröffentlicht. Agricola wollte sehr schnell in den bestehenden Meinungsstreit eingreifen. Darum stellte er seine Schrift nach eigenen Angaben innerhalb von zwei Monaten fertig. Sehr bescheiden klingt seine eigene Meinung über dieses Buch in einem Brief an Plateanus vom 1. November 1533:

Du schreibst, daß meine Arbeit bei den Gelehrten Beifall finde. Mir würde es durchaus genügen, wenn man sie nicht ablehnte, denn ich bewerte sie selbst weder (besonders) *hoch, noch werde ich mich jemals sehr um ihre (besondere) Bewertung bemühen, nur: Ich habe mich schon seit langem entschlossen, auf jede Weise für die Wahrheit einzutreten...*[15].

Zum Anliegen seines Buches schreibt Agricola: er wolle die jungen Menschen, die sich philosophischen Studien verschrieben haben, "zum Erforschen der Natur anspornen". Die Mitteilung von Plateanus, daß einer ein schlechtes Urteil über Agricolas Schrift geäußert habe, die anderen ihn aber verlacht hätten, tat er mit dem Satz ab, daß ihn das wenig berühre, denn

... die Urteile der Menschen (sind) immer ganz verschieden gewesen ...

Wenn sie deren Arbeit lesen, denken manche nicht so sehr an die darauf verwendete Mühe, sie sind vielmehr Feinde verdienten Ruhmes ... (Ich) *ziehe die Wahrheit der Autorität vor...*

Dieser in vieler Hinsicht bemerkenswerte Brief enthält eine Fülle von Andeutungen zu Agricolas Charaktereigenschaften, zu seiner Arbeitsweise, seiner Einstellung zur Kritik sowie zu Urteilen über die eigenen Arbeitsleistungen und die anderer. Agricola weiß, daß in jeder Veröffentlichung viel Mühe steckt und daß nur der kritisiert werden kann, der sich der öffentlichen Kritik stellt. An erster Stelle steht bei ihm die solide wissenschaftliche Arbeit, das Finden der Wahrheit durch eigene Schlußfolgerungen aus gründlichen Analysen. In diesem Werk stellt er die Meinungen der antiken Gelehrten zu Problemen der Maße und Gewichte zusammen und setzt sich mit falschen und oberflächlichen Aussagen zeitgenössischer Gelehrter auseinander. Als eine Art Zusammenfassung und Wertung der antiken Auffassungen schreibt er zum Schluß der "Maße und Gewichte":

Das ist meine Auffassung von den Maßen und Gewichten, von der anderer manchmal abweichend. Sie ist fest begründet und ich hätte mich fast gescheut, gegen so viele und so bedeutende Männer auf den Plan zu treten, hätte sich mir nicht schon seit langem die Überzeugung aufgedrängt, keine Autorität sei so bedeutend, daß sie nicht die Verpflichtung hätte, sich der Wahrheit zu beugen. Und lediglich um dieser zu dienen, wie ich das oft betont habe, nicht etwa, daß ich einen von ihnen tadeln möchte - denn das verdienen sie nicht, um ihrer wissenschaftlichen Bedeutung willen - habe ich mir in der Behandlung der Fragen geringere Zurückhaltung auferlegt. Sie selbst, wie es sich für vornehm denkende und gelehrte Männer geziemt, werden entweder meine Ausführungen durch Zeugnisse der Alten widerlegt oder, falls sie das nicht zu tun vermögen, anerkennen, was ich als Wahrheit gefunden habe [16].

Das Werk "Maße und Gewichte" widmete Agricola dem Kurfürsten Johann Friedrich von Sachsen und Johann von Sachsen, dem Sohn seines Landesherren Herzog Georg. Dieses Widmungsschreiben enthält einen Friedensappell an beide sächsischen Fürsten und eine Mahnung, "einträchtigen Sinnes untereinander" zu sein. Der Appell könnte mit dem zu dieser Zeit geführten Münzstreit zusammenhängen.

Auch wenn sich das genannte Werk Agricolas in erster Linie auf antike Auffassungen bezieht, so macht Agricola durch die Betonung einheitlicher Maßeinheiten doch auf das Durcheinander bei den Kaufmanns- und Handelsgewichten aufmerksam.

Bei diesem in aller Eile herausgegebenen Werk stellten sich sehr schnell eine ganze Anzahl von Druckfehlern und Weglassungen beim Druck heraus, die zu Entstellungen des Textes führten. Auch den Nachdruck, der 1533 in Paris erschien, konnte Agricola nicht korrigieren. Darum ließ er 1534 einen Brief an Petrus Plateanus, in dem er die Fehler richtigstellte, im Froben-Verlag in Basel drucken und als Sendschreiben verschicken. Erst der Neudruck aus dem Jahre 1535 in Venedig berücksichtigte die in der "Epistula ad Plateanum, cui sunt adiecta aliquot castigata in libri de mensuris et ponderibus nuper editis" (Brief an Plateanus, dem einige bereinigte Stellen zu den kürzlich veröffentlichten Büchern über Maße und Gewichte beigegeben sind) enthaltenen Berichtigungen. "Maße und Gewichte" hat Agricola in späteren Jahren nochmals überarbeitet und in seinem Sammelband zu metrologischen Problemen 1550 im Froben-Verlag publiziert.
Die ersten Jahre, die Agricola in Chemnitz verbrachte, waren ausgefüllt mit wissenschaftlichen Arbeiten auf den verschiedendsten Gebieten. Das Hauptaugenmerk richtete er auf die Stoffsammlung der "12 Bücher vom Bergbau" (De re metallica), die er immer wieder in Briefen an Freunde und in Widmungsschreiben (z.B. zu "Maße und Gewichte") erwähnt. In diesen Jahren bearbeitete er noch einige andere Werke und Manuskripte. So sammelte er Details und Fakten über die historische Entwicklung Sachsens. In einem Brief an Sebastian Münster vom 13. März 1549, in dem er sich für die Übersendung eines Exemplares von dessen "Cosmographia" bedankt, schreibt er u.a.:

Vor 15 Jahren (1534) *entschloß ich mich, Meißen und Thüringen darzustellen, und zwar getrennt voneinander, d. h. beider Länder Städte, feste Burgen und Flüsse zu behandeln, ihre Entfernung und ihre Sehenswürdigkeiten vor Augen zu stellen ... Doch diesen Gegenstand will ich, falls ich damit beginne, nicht anfangen darzustellen, bevor ich die 12 Bücher über Bergbau und Hüttenwesen, 6 Bücher Erläuterungen, 2 Bücher über das Bergrecht und ebenso viele Bücher über die Heilquellen vollende. Fünf Jahre sind vergangen, seit ich* (1544) *auf Befehl unseres Fürsten eine Typographie Meißens und Thüringens zusammengestellt habe ... Ich habe sie, obwohl sie mir oft versprochen worden ist, vom Hofe noch nicht zurückerhalten ...*[17].

Agricola hatte danach im Jahre 1544 eine genealogische Arbeit über das sächsische Herrscherhaus im Auftrag des Herzogs zusammengestellt. Diese Arbeit ist nicht erhalten geblieben. Es kann angenommen werden, daß sie in sein 1555 wiederum an den sächsischen Fürsten abgegebenes Werk "Sippschaft des Hauses Sachsen" eingegangen ist. Ein Auftrag zur Erarbeitung der Stammesgeschichte des sächsischen Herrscherhauses an Agricola läßt sich nicht nachweisen. Georgius Agricola war kein Hofhistoriograph! [18]

In den 30er Jahren sammelte Agricola auch Informationen über aktuelle politische Ereignisse. Sein Freund Georg Fabricius, Lehrer an der Chemnitzer Lateinschule, schrieb darüber am 10. November 1536 an Wolfgang Meurer, damals stellvertretender Schulmeister an der Thomas-Schule in Leipzig:

Folgende Neuigkeiten gibt es. Der Kaiser (Karl V.) *hat sich mit 6 000 deutschen Landsknechten nach Spanien begeben ...* (berichtet über den dritten Krieg zwischen Karl V. und Franz I.). *Dies hat ein Bischof an Agricola geschrieben. Wenn Ihr irgend etwas Anderes an Neuigkeiten habt, schreibt es dem Doktor, es ist kaum zu sagen, wie er auf solche Dinge spannt, vielleicht will er auch selbst die Taten der Deutschen berichten. Jetzt geht er ganz in den bergbaulichen Büchern auf ...*[19].

Wer dieser Bischof war, ist nicht bekannt. Bei Agricolas guten Beziehungen zum Klerus könnte es Bischof Johann VII. von Meißen (von Schleinitz) oder der ein Jahr später zu seinem Nachfolger im Bischofsamt gewählte Johann VIII. von Maltitz, der älteste Sohn Siegmund von Maltitz, gewesen sein. Agricola kannte beide Bischöfe von seinen Aufenthalten in Dippoldiswalde bei Siegmund von Maltitz. Dieser hatte 1507 das Naßpochwerk, eine neue Aufbereitungstechnik zur Erzzerkleinerung, erfunden und war dafür 1512 von Herzog Georg mit einer Schutzrechtsurkunde ausgezeichnet worden. Agricola erwähnt ihn später in seinem Werk "De re metallica" sehr lobend.
Nach einer relativ langen Pause seit dem Erscheinen seines Werkes "Maße und Gewichte" tritt Agricola erst 1546 mit einem wissenschaftlichen Sammelband zu geologisch - mineralogischen Problemen, kurz "Die Minerale" genannt, wieder an die Öffentlichkeit. Die darin enthaltenen 21 Bücher und ein Vokabular (in Form eines Briefes an Wolfgang Meurer) hatte er in kurzer Aufeinanderfolge in den Jahren 1544 bis 1546 beendet. Im einzelnen gehören dazu:

- De ortu et causis subterraneorum libri V (1. März 1544)
  (Die Entstehung der Stoffe im Erdinnern, 5 Bücher),
- De naturaeorum quae effluunt ex terra libri IV (24. Oktober 1545)
  (Die Natur der aus dem Erdinnern hervorquellenden Dinge, 4 Bücher),
- De natura fossilium libri X (13. Februar 1546)
  (Die Minerale, 10 Bücher),
- De veteribus et novis metallis libri II (7. März 1546)
  (Erzlagerstätten und Erzbergbau in alter und neuer Zeit, 2 Bücher),
- Epistula ad Meurerum (20. März 1546)
  (Brief an Meurer).

Agricola hat die überlieferten antiken und mittelalterlichen Werke von Plinius, Aristoteles, Seneca, Albertus Magnus und Avicenna nach geologisch - mineralogischen Aussagen genauestens durchgearbeitet und interpretiert sowie mit eigenen medizinisch-pharmazeutischen und Naturbeobachtungen kritisch verglichen, bevor er seine Erkenntnisse in den genannten Büchern publizierte. Er fügte somit dem Erfahrungsschatz der Antike, des Feudalismus und seiner Zeit eigenes Wissen hinzu. Darin liegt eines der großen Verdienste Agricolas auf geologisch-mineralogischem Gebiet. Einige dieser Erkenntnisse sollen kurz angedeutet werden. Agricola versucht, die Fülle der Minerale, Gesteine, Wässer usw. zu ordnen und in ein System zu bringen. Dazu mußte er die in den Schriften einiger antiker Gelehrter angeführten Mineralen (besonders bei Theophrastus und Plinius) erkennen, mit Bezeichnungen in der Medizin, der Alchimie und bei den Bergleuten seiner Zeit vergleichen und wenn nötig, erneut benennen sowie nach entsprechenden Merkmalen zusammenstellen. Zugleich kennzeichnet er sie nach äußeren Merkmalen wie Farbe, Glanz, Gewicht, Geruch, Geschmack, Griffigkeit, Gestalt, Härte, Schmelzbarkeit und Magnetismus.

Auch wenn man bereits in seinem "Bermannus ..." die ersten Ansätze für eine Mineralsystematik findet, so vollendet er sie erst in dem Buch "Die Minerale". Er unterscheidet in diesem Werk Erden, Gemenge, Metalle und Gemische. Auch wenn sich diese Einteilung stark an die Avicennas anlehnt, so ist doch bei Agricolas Systematik neu, daß er Erden und Gemische in seine Ordnung aufnimmt und daß er genaue Mineral-, Fundort- und Lagerstättenbeschreibungen gibt, die er mit Aussagen zum wirtschaftlichen Nutzen verbindet. Durch diese Art der Beschreibung unterscheidet sich Agricola grundlegend von seinen Vorgängern und findet durch sein Vorgehen, durch eigene Beobachtungen und kritische Wertungen zu einer neuen Methodik der Naturbeschreibung.

Vergleicht man die von Agricola 1546 aufgestellte Mineralsystematik mit der des berühmten Freiberger Geologen Abraham Gottlob Werner aus dem Jahre 1798, so ist erkennbar, daß sich an der Einteilung des Mineralreiches nichts Wesentliches änderte, auch wenn im Detail viele neue Erkenntnisse dazu gewonnen wurden [20].

Auch bei den Fragen zur Entstehung der Metalle (Metallgenese) kommt Agricola zu neuen Erkenntnissen. Er wendet sich gegen die voreiligen und voreingenommenen Schlüsse bzw. Vorurteile der Alchimisten zur Entstehung der Metalle. So verwirft er die Meinung, daß die Erze eine Mischung von Quecksilber und Schwefel seien ebenso wie die Ansicht über den Einfluß der sieben Planeten auf die Entstehung der damals bekannten sieben Metalle.

Mit den Auffassungen von Aristoteles und Albertus Magnus zur "Metallo"-Genese setzt sich Agricola sehr ausführlich auseinander. Er verwirft die "fehlerhafte Ansicht von Albertus, daß diese Kraft 'in dem Stoffe, in dem sie von dem Sternenhimmel herabgeflossen sei', liege, und die Hitze sie lenke, damit sie dem Stoffe die Form des Erzes geben könne", verwirft und schließt sich der Meinung des Aristoteles an, die besagt, daß "die Kälte die Erze schaffe". Georgius Agricola schreibt dazu folgendes:

In Wirklichkeit liegt aber in dem Erzstoff - genau wie in dem Stoff der Steine - keine Kraft, die ihm von den Sternen eingepflanzt wäre, sondern die Kälte verdichtet die Erze, wie sie auch - oder die Hitze - die Steine verdichtet ... Und so stimme ich mit den Peripatetikern hinsichtlich der Ursache, die die Erze bildet, überein; bei dem Stoffe weiche ich ziemlich von ihnen ab [21].

Damit verwarf Agricola die zu seiner Zeit verbreitete Auffassung von dem Einfluß der Gestirne auf die Gesteinsbildung völlig. Doch kommt gerade in seinen Ansichten zur Metallgenese eine gewisse Widersprüchlichkeit zum Ausdruck: einerseits ist er noch in der antiken "Vier-Elemente-Theorie" (Erde, Luft, Feuer, Wasser) verankert, andererseits zwingen ihn seine eigenen Beobachtungen zu anderen Naturauffassungen.
Georgius Agricola stellt in seinen geologisch - mineralogischen Werken verschiedene Theorien auf; genannt seien seine Theorie der Erzgänge, die Vulkan- und Erdbebentheorie sowie die Thermalwässertheorie. Von ihm stammen auch die ersten Beschreibungen der Schichtenfolgen von Sedimenten, so zum Beispiel des Rußkohlenflözes und des Tiefen Planitzer Flözes bei Zwickau und der Schichten im Mansfelder Land. Die Lagerstätten im Vogtland, Erzgebirge und Erzgebirgsvorland kannte er selbst (so in Joachimsthal, Freiberg, Schneeberg, Wolkenstein, Wolkenburg, Hohenstein, Zwickau, Ehrenfriedersdorf, Marienberg). Er hatte aber auch sehr viele Bekannte und Freunde, die ihn mit Mineralen, Gesteinen, Versteinerungen und Fundortbeschreibungen versorgten. Sie beschrieben und schickten ihm auch naturwissenschaftliche Schriften, "... alles, was irgendwie dazu dienen konnte, seine Studien zu fördern und zu schmücken".
In einem Brief vom 20. März 1546 an Wolfgang Meurer, den Professor der Philosophie in Leipzig, nennt Agricola besonders seinen Freund Georg Fabricius, "... der ja von einem unglaublichen Eifer in Forschung wie Darstellung förmlich brennt ...", Valerius Cordus, der ihm aus Italien bis zu seinem Tode 1544 kistenweise Gesteine und Minerale schickte, den Arzt Cornelius Sittard, der mit Cordus in Italien weilte und ihm gediegen Schwefel besorgte, die Ärzte Johann Dryander und Johann Megobacchus aus Hessen sowie den Theologen Caspar Börner, von dem er Bernstein bekam. Erwähnt wird in diesem Brief auch der Wittenberger Professor der Philosophie Paulus Eber. Erhaltengeblieben ist ein

Brief von Paulus Eber, in dem er über einen Besuch bei Agricola in Chemnitz berichtet. Eber reiste im Herbst 1545 zusammen mit Dr. Caspar Cruciger durch das Erzgebirge, um den Bergbau kennenzulernen und dabei gleichzeitig Agricolas Bekanntschaft zu suchen. Am 21. Oktober 1545 schrieb er aus Wittenberg an den Mansfelder Hüttenmeister Philipp Gluecspies :

Wir (Eber und Cruciger) *kamen also nach Chemnitz; außerhalb des vorgesehenen Reiseweges bogen wir ab, um den hervorragenden Gelehrten und schriftstellerisch sehr fruchtbaren Erforscher der mannigfaltigen Werke der Natur, Doktor der Medizin Georgius Agricola zu begrüßen ... Den baten wir zum Essen; er kam der Einladung nicht ungern nach und, als er hörte, daß wir uns eifrig mit dem Studium des Erzbergbaus beschäftigen, ließ er gleich einen Teil seines großen, jedoch unveröffentlichten Werkes* (nur "Entstehung der Stoffe im Erdinnern" war abgeschlossen) *herzu bringen, in dem er die vollständige und abgeschlossene Darstellung der ganzen Mannigfaltigkeit der aus der Erde strömenden und in der Erde entstehenden Stoffe hat erfassen wollen. Aus diesem Werk las er uns, während wir aßen (er selber hatte schon zu Hause gegessen), eine Anzahl bezeichnender Stellen vor ... Danach begannen wir, uns ausführlich über das Bergbauwesen zu unterhalten.*

Die Unterhaltung muß so anregend und aufgelockert gewesen sein, daß Paulus Eber eine Tafel mit der Schichtenfolge des Mansfelder Kupferschiefer aus seinem Reisegepäck holte:

Als da der Dr. Cruciger mitteilte, ich hätte die ganze Mannigfaltigkeit der Mansfelder Gruben gesammelt und in schönster Ordnung auf einer Tafel aufgezeichnet bei mir, sagte zwar Agricola, die Art dieses Erzes sei ihm schon längst bekannt, er wollte aber doch die Gelegenheit bekommen, die Tafel zu betrachten. Ich legte sie vor, und er sah sie sich zuerst nur obenhin an. Nachdem er jedoch auf dem beigefügten Blatte der Reihe nach von den verschiedenen Arten der Erden und Steinen gelesen hatte, die den ganz untenliegenden Schiefer bedecken, aus dem das Kupfer ausgeschmolzen wird, und zugleich die Gegenstände von der Tafel genommen und genauer betrachtet hatte, staunte er über die Mannigfaltigkeit jener Steine, die, wie er sagte, ganz unähnlich sei den Erden aus anderen Gruben und, wie er freimütig bekannte, ihm bisher unbekannt gewesen sei, da er sich bisher immer mit der Betrachtung des Schiefers begnügt und nicht die übrigen Bodenarten untersucht habe. Er begann denn ein langes und breites mich zu bitten, ihm auf etliche Monate die Tafel zu überlassen, um sie in Muße zu durchmustern und die daraufliegenden Teilchen von Steinen zu betrachten, damit er in seinem Werke etwas Zuverlässiges und Sicheres über das Erz aus eben dieser Grube schreiben könnte ...

Und dann ließ ihn Agricolas Begeisterung für die Tafel folgendes tun:

Als ich bemerkte, daß ihn der Wunsch erfaßt hatte, diese Tafel zu besitzen, von der er, wie er selber auch gestand, bei der Niederschrift seines Werkes einige Förderung erhalten könne; ich will es offen sagen, was geschehen ist: als er bat, ihm aus Gefälligkeit die Tafel auf eine bestimmte Zeit zu überlassen, habe ich sie ihm als Geschenk übergeben, was er sofort unter großer Dankesbezeigung mit dem Ausdruck ganz besonderer Freude annahm ..." [22].

Paulus Eber war von Georgius Agricola so begeistert, daß er ein Geschenk an diesen weitergab. In diesem Brief erwähnt Eber auch, wie dankbar Agricola seinen vielen Bekannten für ihm übergebene Gesteine und Minerale war:

Er pries die Güte derer, die von verschiedenen Orten mannigfaltige Arten von Erzen schickten, und zählte die Gruben vieler Völker auf, aus denen er etliche Erzstücke in seiner Sammlung besitze, die an dem einen Orte in dieser Gestalt und auf diese Weise, an dem anderen in anderer Gestalt und auf andere Weise entständen ....

Georgius Agricola muß demnach eine umfangreiche Mineraliensammlung besessen haben, die er laufend durch neue Belegstücke ergänzte.
Die meisten der in diesem Sammelband von 1546 enthaltenen Erkenntnisse Agricolas zu geologisch - mineralogischen Problemen gingen weit über den Wissensstand seiner Zeit hinaus und waren wissenschaftlicher Vorlauf. Aber nur eine seiner Schriften fand sofort Anerkennung: Die balneologische Schrift "Die Natur der aus dem Erdinnern hervorquellenden Dinge". In dieser Arbeit setzt er sich mit den verschiedenen Wasserarten auseinander und tritt als Mediziner wieder sehr stark in den Vordergrund. Auch wenn er hier keine Angaben zur Verwendung der Wässer in der Heilkunde macht, sondern eine Systematisierung ihrer medizinisch wirksamen Bestandteile gibt, fand diese Schrift 1553 in ein in Venedig erschienenes Sammelwerk "De balneis" (Die Heilkunde), die sämtliche Hauptschriften zur Balneologie seit der Antike enthält, neben 77 anderen Arbeiten Aufnahme [23].
In dem Brief an Wolfgang Meurer vom 26. März 1546 ergänzt Agricola den Sammelband durch eine deutsche Übersetzung der griechischen und lateinischen Fachausdrücke. Das war notwendig, weil das Latein als allgemeine Verständigungssprache der Gelehrten zwar über ein überliefertes Vokabular verfügte, Agricola aber für viele geologische, bergmännische und hüttentechnische Begriffe neue lateinische Wörter prägte, die bis dahin nur in der deutschen Bergmannssprache existierten. Bereits zu seinem Werk "Bermannus..." hatte Petrus Plateanus in ähnlicher Art ein Register angefertigt. Das Register dieses Sammelbandes verfaßte Adam Siber, der 1545/46 ohne

feste Anstellung war und Agricola deshalb helfen konnte. Adam Siber schrieb am 9. April 1546 aus Chemnitz an Wolfgang Meurer in Leipzig :

Die ganze Zeit nämlich seit meiner Rückkehr von dort (gemeint ist sein Weggang von der Freiberger Lateinschule) *nach Hause - ich konnte es unserem Agricola nicht abschlagen - habe ich über der Anfertigung des Inhaltsverzeichnisses zu den 21 Büchern der Geschichte der Stoffe unter Tage verbracht ...*

Mit der Herausgabe dieses Sammelbandes im Jahre 1546 schloß Agricola seine geologisch - mineralogischen Schriften zunächst ab.
In den Jahren bis 1546 gestaltete sich Georgius Agricolas Leben keinesfalls abgeschieden im Studierstübchen und nur auf seine wissenschaftlichen Ausarbeitungen konzentriert. Im gleichen Jahr 1531 war auch sein Jugendfreund Valentin Hertel nach Chemnitz übergesiedelt. Er nahm eine Stelle als Kantor an der Lateinschule an. Beide Männer verband in den folgenden Jahren bis zum Tode von Hertel im Jahre 1547 eine herzliche Freundschaft. Sie hatten in Chemnitz viele gemeinsame Freunde und führten auch einen regen Briefwechsel mit Petrus Plateanus, Wolfgang Meurer und Stephan Roth, um nur einige zu nennen. Beide nahmen sich Anfang der 30er Jahre eines Jungen der Lateinschule an, der einer Familientradition folgend Goldschmied werden sollte, aber ein starkes Interesse für die Naturwissenschaften zeigte und zudem hoch begabt war: Es war der schon mehrfach genannte Georg Fabricius. Sie ermöglichten ihm zunächst den Schulabschluß in Annaberg und anschließend ein Studium in Leipzig. Danach arbeitete Fabricius an der Leipziger Thomas-Schule als Kantor. Hier in Leipzig lernte Fabricius Wolfgang Meurer kennen und führte ihn später, als er 1556 in seine Heimat zurückkehrte, in den Chemnitzer Freundeskreis ein. Zwischen Wolfgang Meurer und Georg Fabricius bestand zeitlebens ein ausführlicher Briefwechsel. Ihm verdanken wir viele Informationen über ihren gemeinsamen Freund Georgius Agricola.
Anfang der 30er Jahre erneuern Georgius Agricola und Stephan Roth ihre Freundschaft. Aus einigen Briefen von Freunden aus Zwickau an Stephan Roth in den 20er Jahren wissen wir, daß dieser sich ständig über Agricolas Italienaufenthalt informieren ließ. Jetzt, im Jahre 1532, ergreift Agricola die Initiative. In einem Brief vom 14. Januar 1532 schreibt er an ihn nach Zwickau:

Ich habe dich zwar viele Jahre weder gesehen noch habe ich Briefe an Dich geschrieben -viele verschiedenartige Studien und Geschäfte haben mich daran gehindert - doch ich merke, die gegenseitige Zuneigung, die sich schon von der Kindheit an zwischen uns entwickelt hat, ist nicht im geringsten geschwunden.

Denn, was mich angeht, so bin ich mir selbst reichlich Zeuge meiner Gesinnung Dir gegenüber; und was Dich angeht, da genügen mir die Gespräche mit Freunden: aus ihnen entnehme ich, daß Du so verständnisvoll über mich und meine Arbeiten urteilst, daß ich den Eindruck habe, Du schätzt mich nicht nur, Du hast mich auch lieb ...

In diesem Schreiben empfiehlt Agricola seinem Freund Petrus Plateanus, der in Marburg Medizin studierte, als Schulmeister für die Zwickauer Lateinschule. Er schreibt weiter:

... ein Mann, der ja bekannt ist durch untadeligen Lebenswandel und durch einzigartige Bildung, (will) *sich wieder der Lehrtätigkeit zuwenden, allen Eifer und alle Mühe darein setzen, daß er zum größten Ruhme für Dich und zu Nutzen Deiner Zwickauer die Schule bei Euch erhält... In Deutschland habe ich noch keinen Sprachlehrer gesehen, der so Wissenschaft zugleich und Zucht den Jungen beizubringen sowohl freudig bestrebt ist, als auch vor allem instande ist. Er ist in der Tat ein größerer Könner im Unterricht, als ich es einst gewesen bin; das ist zu wahr als daß ich es in Abrede stellen könnte ...* (Agricola empfiehlt) *... ihn unter hinreichend anständigen Bedingungen* (anzustellen). *Denn welches Gemeinwesen würde einen solchen Mann ablehnen? ...*
Du siehst, ich setze mich in Fürsorge für Deine Zwickauer so sehr ein, wegen der Förderung, die ein hochweiser und gestrenger Rat mir einst (in Eurer Stadt) *erwiesen hat ..."*

Die Zwickauer Schule hatte den unter Agricolas Leitung errungenen Ruhm längst eingebüßt. Anfang der 30er Jahre sah man sich dort nach einem fähigen Schulmeister um. Durch Agricolas und Roths Vermittlung bekam Plateanus diese Stelle und trat sie 1535 an. Er reorganisierte die Schule und führte sie zu neuem Ruhm. Unter Plateanus' strenger Leitung erhielt sie die Bezeichnung "Zwickauer Schleifmühle".
Der Schriftwechsel zwischen Stephan Roth und Georgius Agricola scheint nicht sehr rege gewesen zu sein, zumindest sind nur wenige Briefe erhalten geblieben.
Agricolas Ansehen in der Bürgerschaft der Stadt Chemnitz zeigt sich in der Übertragung der Vormundschaft über die Kinder reicher Chemnitzer Patrizierfamilien. Im Jahre 1533 war Ulrich Schütz d. J. verstorben. Er hinterließ acht unmündige Kinder. Durch die Vormundschaft über sie wurde Agricola mit der wirtschaftlichen Situation der Stadt konfrontiert. Der Name der Familie Schütz ist auf das engste mit dem wirtschaftlichen Aufblühen der Stadt Chemnitz in den ersten Jahrzehnten des 16. Jahrhunderts verbunden. In der 2. Hälfte des 15. Jahrhunderts war Nickel Thiele mit seinem Schwiegersohn Ulrich Schütz d. Ä. einer der vielen Nürnberger Kaufleute und Unternehmer, die ihr Kapital im

Bergbau und Hüttenwesen anlegten und nach Chemnitz zogen. Hier gründeten sie 1488 die neue Saigerhütte am Mühlgraben unterhalb des großen Wehres am Chemnitzfluß. Ende des 15. Jahrhunderts gehörten Ulrich Schütz, der sein Geld durch den Kauf von Bergwerksanteilen im Geyerschen Bergrevier günstig anlegte, drei Viertel der gesamten dortigen Silberausbeute. Ähnlich reiche Gewinne brachten ihm seine Kuxe aus Schneeberg, Ehrenfriedersdorf und Freiberg. Nach seinem Tod 1505 übernahm sein Sohn Ulrich, der Vater von Agricolas Mündeln, die Geschäfte und baute vor allem die Saigerhütte in Chemnitz aus. Mit der Gründung der Gesellschaft des Saigerhüttenhandels 1526 setzte er sich das Ziel, den gesamten sächsisch-böhmischen Kupferbergbau zu beherrschen. Beteiligt war nicht nur das Kapital der Familie Schütz, sondern auch das der süddeutschen Handelsgesellschaft der Welser. Das Scheitern dieses Monopolversuches sowie die Auflösung der Saigergesellschaft (Ausscheiden der Welser Ende der 20er Jahre) war mit einem allmählichen Rückgang der Kupfererzförderung verbunden. Das bedeutete für die Schützsche Saigerhütte Produktionsrückgang und letztlich auch Schließung der Hütte. Diesen Niedergangsprozeß der einstmals tonangebenden Chemnitzer Saigerhütte hat Agricola als Vermögensverwalter der Schützschen Erben miterlebt. Die Verbindung zu dieser Familie hatte auch Einfluß auf sein persönliches Leben: In den späteren Jahren wählte er sein Mündel Anna zu seiner zweiten Frau.

Im Jahre 1536 wurde Agricola gemeinsam mit Valentin Hertel die Vormundschaft über die Kinder des Ratsherren und Hausnachbarn von Agricola in dem Kirchgäßchen, Jobst Wildeck, übertragen. Auch diese Familie befand sich in wirtschaftlichen Schwierigkeiten. Zur Regelung des Nachlasses mußten Agricola und Hertel mit Stephan Roth als Stadtschreiber von Zwickau einen umfangreichen Schriftwechsel zur Rettung des Vermögens führen.

Agricola war auch Vermittler bei der Erziehung der Kinder seines Bruders Christoph. Der Färber und Tuchmacher "Christoff pauer" hatte den Besitz seines Vaters in Glauchau übernommen. Im Jahre 1538 verkaufte er den Grundbesitz und 1540 das Färberhaus. Ebenfalls 1540 erwarb er in Chemnitz das Bürgerrecht und ein Haus in der großen Brüdergasse (Brüderstraße). In Chemnitz war er auch weiterhin als Tuchmacher tätig und zahlte jährlich den für Tuchmacher üblichen "remenzins 4 groschen", d.h., er hat eine gewerbliche Steuer an die Stadtkasse abgeführt. Im Jahre 1549 verstarb er in Chemnitz.

Agricola setzte sich für eine gute Schulausbildung seiner Neffen ein. Als er erfuhr, daß aus dem säkularisierten Vermögen einiger Klöster evangelische Landesschulen eröffnet werden sollten, wandte er sich an Johannes Rivius. Agricola hatte ihn 1520 an die Zwickauer Lateinschule geholt und später Georg Fabricius bei ihm in Annaberg den Schulbesuch ermöglicht. 1543 war Rivius von Herzog Moritz als Inspektor der neu zu gründenden Fürstenschulen Schulpforta bei Naumburg, St. Afra bei Meißen und Merseburg (ihre Gründung kam nicht zu stande, dafür entstand 1550 die Schule in Grimma) eingesetzt worden. Er erarbeitete dafür die ersten Unterrichtspläne und die Schulordnung. Im albertinischen Sachsen sollten mit diesen Schulen Beamte herangebildet werden, die aus allen Ständen kamen. Georgius Agricola schrieb 1545 an Herzog Moritz:

Außerdem habt Ihr Vorsorge getroffen für die Eröffnung (1545) *zweier Schulen, einer in Meißen, einer in Pforte. Dort werden 250 von ...Euch ausgesuchte Knaben im Griechischen und Lateinischen unterrichtet. Und diesen allen wird auf Euren Befehl der tägliche Lebensunterhalt und die nötige Kleidung gewährt. Ihren Lehrern auch werden hohe Gehälter gezahlt. Das Gedächtnis an dieses reiche großartige Geschenk werden die dankbaren Wissenschaften, die von den großen Taten weder schweigen können noch dürfen, in unvergänglicher Erinnerung festhalten...*[24].

Die Neue Landesordnung vom 21. Mai 1534 sah vor, die "Knaben sechs Jahre lang mit Lehre, Kost und anderer Notdurft umsonst (zu)versorgen und (zu)unterhalten". 50 Freistellen wurden vom Herzog persönlich besetzt, 100 standen den städtischen Magistraten zu und 70 dem Adel. Bereits am 24. Februar 1543 teilte Rivius seinem Freund Agricola mit:

Ich habe dafür gesorgt, daß die beiden Söhne Deines Bruders in die Zahl derer aufgenommen wurden, deren Namen vorgemerkt sind und aus denen zur rechten Zeit nach dem Gutdünken des Fürsten eine Auswahl getroffen wird ....

Mit der Eröffnung am 16. April 1544 wurden Agricolas Neffen Martin und Georg Schüler der Fürstenschule Schulpforta . Am 24. Januar 1545 berichtete der erste Rektor der Schule, Johann Gigas, an Agricola nach Chemnitz:

Die Söhne Deines Bruders erfüllen ihre Pflichten in dem Maße, daß sie hinsichtlich ihres Wohlverhaltens, ihrer Bescheidenheit und ihrer Sorgfalt ein Lob bekommen haben. Gott möge fernerhin ihren ehrenhaften Bemühungen beistehen. In jeder Art wissenschaftlicher Studien haben sie meine persönliche volle Unterstützung ....

Auch in den späteren Jahren finden nochmals zwei Neffen Agricolas Aufnahme in Schulpforta: im Februar 1548 Johannes und 1550 Gregor.
Nicht nur in Chemnitz genoß Agricola hohes Ansehen. Durch seinen "Bermannus..." war er als Bergsachverständiger bekannt geworden, als ein

Mann, der außer Bergbaurevieren im Erzgebirge auch viele europäische Lagerstätten kannte. Sein Rat war in Bergbauangelegenheiten gefragt. So bat der Ratgeber des Herzogs von Braunschweig-Wolfenbüttel, Dr. jur. Johann Horneborch, Agricola in einem Schreiben vom 16. Oktober 1534, "zu mir zu kommen, wenn es bei einer Euch günstigen Gelegenheit möglich ist, oder dem Fürsten (Herzog Heinrich d. J. von Braunschweig-Wolfenbüttel) und mir Eure Meinung über dessen Silbergruben schriftlich mitzuteilen...".

Was war so dringend, daß Horneborch, der zugleich in Halle/Saale das Amt des Hofrates des Kardinals und Erzbischofs von Magdeburg und Mainz bekleidete, selbst zur Feder griff? Er (der spätere Bischof Johann VIII. von Lebus) und Agricola müssen sich persönlich gekannt haben, wie die dringende Bitte und die Art des Briefes zeigen. Anlaß dieses Schreibens war der Silbererzbergbau im Oberharz, den Herzog Heinrich d. J. 1524 bei Zellerfeld, Wildemann und Grund wieder aufgenommen hatte. Durch Bergfreiheiten hatte er Bergleute für diese Städte angeworben. Nun benötigte er das Gutachten eines Bergsachverständigen über den zu erwartenden Erzreichtum. Ob Agricola die Oberharzer Gruben kannte und ob er dieser Aufforderung nachkam, ist nicht bekannt. Belegbar ist dagegen, daß Agricola den Bergbau im Unterharz kannte, den Mansfelder Kupferschieferabbau, den er bereits 1530 in seinem "Bermannus..." erwähnt. Er wird ihn auf seinen Reisen mit den Schönburgern Wolf I. und Ernst II. kennengelernt haben, waren sie doch mit den Grafen von Mansfeld verwandt und gut befreundet. Über die Schönburger wird Herzog Heinrich d. J. auch auf Agricola aufmerksam geworden sein, denn nach dem Tode Ernst II. von Schönburg am 12. September 1534 weilte Dr. Johann Horneborch einige Tage im Schloß Glauchau, um als Rat des Herzogs die Festlegungen im Testament des Verstorbenen zu klären [25]. Dabei kam es zur Kontaktaufnahme mit Agricola. Dr. Horneborch muß Agricola als Gelehrten sehr geschätzt haben, denn in dem Schreiben entschuldigt er sich lang und breit wegen seiner schlechten Handschrift. Zugleich bittet er Agricola aber auch in einem Nachsatz um seine Hilfe in eigenen Bergwerksangelegenheiten, denn der Überbringer des Schreibens sollte seinen Kuxbesitz am Wolkensteiner Bergbau überprüfen [26].

Außer diesem Schreiben ist keine weitere Aufforderung von weltlichen oder geistlichen Würdenträgern zur Gutachtertätigkeit an Georgius Agricola bekannt geworden.

Agricola war an Neuerscheinungen von Büchern, vor allem auch an medizinischer Literatur, sehr interessiert. Von Wolfgang Meurer ließ er sich aus Leipzig mitteilen, was "an guten Büchern erschienen ist". Wie schwer es jedoch damals war, sich das neueste Wissen auf dem Gebiet der Anatomie zu verschaffen, zeigen seine Bemühungen um das 1534 in Basel erschienene Werk von Andreas

Vesalius “De humani corporis fabrica” (Über den Bau des menschlichen Körpers). Dieses Buch, in dem Vesalius in sieben ausgezeichnet bebilderten Kapiteln seine anatomischen Arbeiten zusammenfaßte, beruhte auf dem gründlichen Studium der Körper Verstorbener. Er wurde damit zum Begründer der modernen Anatomie. Dieses Buch für Agricola zu besorgen, bemühte sich Georg Fabricius sehr; er wandte sich sogar an den Hauptumschlagplatz für Bücher seiner Zeit, nach Frankfurt am Main.
Über Agricolas medizinisch-praktische Tätigkeit ist wenig bekannt. Sein junger Freund Georg Fabricius rühmte ihn besonders als “Anatom und Chirurg”. Agricolas Gelehrsamkeit und ärztliche Hilfe wurden von seinen Freunden und Bekannten weit über Chemnitz hinaus in Anspruch genommen. So wandte sich Petrus Plateanus, der ja selbst Arzt war, an Agricola, er möge wegen der Erkrankung des Zwickauer Stadtarztes Leonhard Nather (Agricolas Nachfolger im Amt des Schulmeisters und ab 1535 Stadtarzt) dringend nach Zwickau kommen. Am 28. Juli 1545 schreibt er an Agricola:

Leonhard Nather, unser beider Freund, leidet schon in der dritten Woche an einem bösartigen Fieber. Da es in den letzten drei Tagen gestiegen zu sein scheint und er, wie es bei Euch Ärzten gewöhnlich der Fall ist, bei der eigenen Krankheit, bei sich zu wenig Rat findet, hat er anscheinend größte Hoffnung auf Dich gesetzt, denn heute schickte er vor Tagesanbruch einen Jungen zu mir, der mich wecken sollte, und bat bei unserer Freundschaft, ich sollte Dir schreiben und Dich in unserer beider Namen, so dringend ich könnte, bitten, mit diesem Boten gleich zu uns zu kommen.
Was ich in der Tat mit mehr Worten täte, wenn ich nicht schon längst zur Genüge Deine Bereitwilligkeit mir und Nather und überhaupt allen Gelehrten gegenüber erprobt hätte ... ich (bitte) *Dich herzlich, so sehr ich kann, möglichst bald zu kommen ...*[27].

Agricola wird diesem Hilferuf nachgekommen sein. Nather verstarb jedoch im Oktober des gleichen Jahres.
Anfang der 40er Jahre starb auch Agricolas Ehefrau. Nähere Umstände und das genaue Todesjahr (wahrscheinlich 1541) sind nicht bekannt. Schon bald heiratete er Anna Schütz und ließ sich eine Freihausurkunde durch Herzog Moritz für sein Haus im Kirchgäßchen ausstellen. Diese Urkunde, ausgestellt am 14. Juni 1543, ist insofern sehr aufschlußreich, weil sie außer Priviligien auch eine Verpflichtung enthält. Dazu ein Auszug aus der Urkunde:

Wir haben dem Hochgelehrten, unserem lieben Getreuen, dem Herrn Georg Agricola, der Arznei Doctor, aus besonderen Gnaden und zur Förderung seines pfleißigen Studierens, auch weil er uns ein Buch vom Berckwergk gewidmet hat, die Befreiung seiner Behausung zu Chemnitz - gelegen gegenüber der Badestuben, wenn man von der Sankt Jacobs-Kirchen in das Kloster geht - in der Form verlängert, wie er dieselbige ... bei Lebzeiten seines vorigen Weibes gehabt (hat).

Dann werden die damit verbundenen Vergünstigungen genannt:

Wir befreien ihm dasselbe Haus in allen nachfolgenden Punkten hiermit gnädiglich krafft dieses Briefes also, daß er dasselbe sein Leben lang mit allen Vorrechten, die ein Freihaus (üblicherweise) *haben soll, als ein Freihaus gebrauchen, besitzen und innehaben soll, unbeschwert durch bürgerrechtliche und andere Verpflichtungen gegen die Stadt. Für seinen* (eigenen) *Haushalt, für Weib und Gesinde mag er, so viel er braucht, Bier steuerfrei brauen, fremde Biere, desgleichen Wein frei für sich und seine Behausung ungehindert einkellern und verbrauchen. Doch* (gilt dies) *mit der Einschränkung, daß er solchen Wein und das Bier, das er braut und einkellert, nicht außer Haus verkaufen oder sonsten jemandem ablassen soll. Er soll außerdem hiermit von allen bürgerlichen Pflichten und der Zuständigkeit des Stadtgerichtes befreit und entledigt sein.*

Herzog Moritz erweist Georgius Agricola noch besondere Gunst:

Wir haben auch aus oben angegebenen Ursachen besagten Doktor in unseren besonderen Schutz und Schirm genommen, unser Leben lang. Er soll vor keine Gerichte gezogen werden, sondern allein vor uns, unseren Räten und dem Geleitsmann zu Chemnitz als unseren Vertreter (verklagt werden können).

Der Herzog legt ihm aber auch eine Verpflichtung auf :

Aber wo sonst derhalben von uns Befehl geschehen würde, daselbst soll der Doktor zu Geständnissen schuldig und verpflichtet sein ...Beurkundet, mit unserem hier unten aufgedrückten Siegel wissentlich besiegelt und ausgefertigt zu Dresden am Donnerstag nach Barnabas (14. Juni) *Anno Domini fünfhundert und im dreiundvierzigsten.*

Moritz Herzog zu Sachsen

eigenhändig [28].

Agricola hat die hier erwiesene Gunst, die der eines Adligen gleichzusetzen war, sehr hoch geschätzt. Er erwähnt sie auch im Widmungsbrief an Herzog Moritz vom 1. März 1544 zu seinem Werk "Die Natur der aus dem Erdinnern hervorquellenden Dinge":

Ihr habt mir kürzlich in Eurer Güte Steuerfreiheit für mein Haus und Befreiung von öffentlichem Amt gewährt, damit ich mich dem Studium der Philosophie und der Medizin, dem ich mich widme, mit allen Gedanken und aller Sorge hingeben kann...

An der Vergabe des Freihauses hing eine Verpflichtung. Agricola mußte auf Befehl seines Landesherrn zu Diensten sein. Das hat ab 1546 seinen weiteren Lebensweg maßgeblich mitbeeinflußt. So teilt Georg Fabricius in einem Brief vom 19. Mai 1546 dem Leipziger Professor Wolfgang Meurer als letzte Neuigkeit aus Chemnitz mit, "...daß unser Agricola auf Veranlassung und Befehl des Herzogs Bürgermeister dieser Stadt geworden ist..." [29].
Mit der Übernahme des Bürgermeisteramtes beginnt für Georgius Agricola ein neuer Abschnitt seines Lebens. Bisher von allen Verpflichtungen gegenüber der Stadt befreit, muß er Bürger der Stadt Chemnitz werden, um dieses Amt zu bekleiden. Unter den 17 Namen derer, die im Jahre 1546 das Bürgerrecht von Chemnitz erwarben, ist an achter Stelle "Doktor Georgius Agricola" aufgeführt. Der Bürger und Bürgermeister der Stadt Chemnitz, Georgius Agricola, mußte in den folgenden Jahren den Befehlen des Herzogs Moritz gehorchen, ganz so, wie es in der Freihausurkunde stand.

Bürgermeister und letzte Werke

Georgius Agricola übernahm am 6. Mai 1546 beim Ansitzen des neuen Chemnitzer Rates die Amtsgeschäfte des Bürgermeisters von seinem Vorgänger Hans Heintz. Damit war er zunächst ein Jahr für alle Belange der Kommune verantwortlich. Dazu gehörte unter anderem, daß er die Stadt auf den Sitzungen des Landtages vertrat, Verträge im Namen der Stadt abschloß, die Stadturkunden verwahrte und das Stadtsiegel führte. Als "Regens" hatte er sich an die im Ratsprotokoll verfügten Festlegungen zu halten und, wie es Ratsherrenpflicht war, über die Verhandlungen im Rat zu schweigen. Dieses Schweigegebot hat Agricola streng beachtet: Nur selten finden sich in seinen später veröffentlichten Werken (und in den darin vorangestellten Widmungsschreiben) Hinweise auf seine Tätigkeit als Bürgermeister.

Noch 1543 hatte Herzog Moritz von Sachsen Georgius Agricola mit der Freihausurkunde die Möglichkeit geschaffen, sich befreit von allen öffentlichen Ämtern ganz der wissenschaftlichen Tätigkeit zu widmen. Schon Ende 1545/ Anfang 1546 muß sich die politische Situation im Herzogtum Sachsen so verändert haben, daß Agricola von Moritz den Befehl zur Übernahme des Bürgermeisteramtes von Chemnitz erhielt.

Georgius Agricola kannte seinen Landesfürsten persönlich. In dem Widmungsschreiben zu seinem Buch "Die Minerale" rühmt er dessen "körperliche Vorzüge, so seid Ihr gesund, habt ein vornehmes Antlitz und eine der fürstlichen Würde angemessene Haltung. Betrachten wir die Geisteskraft, so betreibt Ihr alles mit höchster Überzeugung, mit männlichem Sinn und brennendem Eifer. Daher sind Eure Taten glänzend und ruhmreich..." [1].

Wann und wo Georgius Agricola und Moritz von Sachsen sich kennenlernten, ist nicht belegbar. Er wird ihm vermutlich im September 1541 in Chemnitz begegnet sein, als der junge Herzog in der Stadt weilte. Moritz nahm die Erbhuldigung der Stadt anläßlich seines Regierungsantrittes als Herzog von Sachsen entgegen und erneuerte der Stadt ihre Privilegien und Freiheiten. Er residierte 13 Tage mit seinem Gefolge im ehemaligen Benediktinerkloster. Das Kloster war 1540, ebenso wie das Franziskanerkloster, aufgelöst worden. Der Abt des Benediktinerklosters, Hilarius von Rehberg, hatte noch unter Ausnutzung seiner guten Beziehungen zu den weltlichen Fürsten am 17. April 1536 von Kaiser Karl V. die "Bestätigung aller Rechte und Freiheiten seines ganz besonders als reichsfrei und keiner landesherrlichen Hoheit untergeben bezeichneten Klosters" erreicht und sich zwei Jahre später einen Schutzbrief von König Ferdinand verschafft [2], um den Zusammenbruch der Kirchenherrschaft zu vermeiden. Doch vergeblich. Mit der Übernahme der Herzogswürde nach dem Tode von Herzog Georg am 17. April 1539 durch seinen Bruder Herzog Heinrich, den Vater von Moritz, wurde auch im Herzogtum Sachsen der evangelische Glauben zugelassen. Bereits am 29. Juli 1539 erklärten die Visitatoren des Herzogs dem Abt Hilarius und dem Guardian des Chemnitzer Franziskanerklosters, Thilo Werner, folgende Beschlüsse: sie durften keine neuen Mönche aufnehmen; die Ohrenbeichte war abgeschafft; die Mönche konnten ungehindert das Kloster verlassen und durften heiraten; öffentlicher Gottesdienst wurde untersagt, und die verbleibenden Mönche durften nur bei verschlossenen Kirchentüren ihres Klosters ohne Glockengeläut ihren Gottesdienst nach römischem Ritus unter sich abhalten. Gleichzeitig verbot man ihnen jegliche Meuterei und Auflehnung gegen das Evangelium unter Androhung des Verweises aus dem Herzogtum. Als der letzte katholische Pfarrer der Jakobikirche, Johann Leyp zurücktrat, setzten die Visitatoren den bis dahin in Leisnig tätigen Magister Johann Fues als ersten lutherischen Pfarrer in Chemnitz ein. Damit war auch die Hauptkirche der Stadt evangelisch [3]. Mit Johann Fues hatte Georgius Agricola in den späteren Jahren so manchen Konflikt.

Dieser erste Schritt der Einführung der Reformation wurde von der städtischen Bevölkerung unterschiedlich aufgenommen. Während die unteren Schichten und die Handwerker die neuen Bestimmungen und den neuen Glauben sofort und mit Freuden aufnahmen, reagierten die Patrizier zurückhaltender, und einige von ihnen blieben bei der römischen Religion. Sie glaubten fest an einen Schutz durch den Bischof von Meißen. Zu ihnen gehörte auch Georgius Agricola, der seine Auffassung in Glaubensfragen seinen Freuden mitgeteilt hatte. Am 22. August 1539 schrieb ihm sein evangelischer Freund, der Professor der Leipziger Universität Wolfgang Meurer,"...was jedenfalls für billig denkende und maßvolle Menschen unerfreulich zu hören ist...", daß nämlich "unsere Fürsten in manchen ihrer Städte dem Bischof von Meißen (Johann VIII.) und seinen Bürgern jeden Schutz und jede Verteidigung aufgekündigt" (haben) [4]. Meurer sorgte sich danach um Georgius Agricola, der am Katholizismus festhielt und daraus auch kein Geheimnis machte. Während viele von Agricolas Freunden und Briefpartnern zum evangelische Glauben wechselten, blieb Agricola bis an sein Lebensende Katholik.

Im November 1539 tagte in Chemnitz der sächsische Landtag. Er beschloß die Einziehung der geistlichen Güter und die Verwendung der Einkünfte für evangelische Kirchen- und für Schulzwecke. Daraufhin wurde die Stadtschule in Chemnitz vergrößert, und der Rat kaufte in der Webergasse ein Haus für die erste Mädchenschule [5].

Am 20. April 1540 wurden durch eine zweite Visitation die beiden Klöster in Chemnitz geschlossen. Von den 13 Mönchen des Benediktinerkloster legten

neun ihre schwarze Ordenstracht ab. Sie wurden Bürger von Chemnitz mit Wohnrecht im Kloster auf Lebenszeit. Ihr langjähriger Abt Hilarius übernahm die Verwaltung des Klosterbesitzes, der mit dem Beschluß der Landstände im August 1540 der Sequestration unterlag und damit Landeseigentum wurde. Dem jungen Moritz gefiel es in der Stadt Chemnitz und in den Klosteranlagen. 1549 gab er den Auftrag, einige Klostergebäude zum Schloß umzubauen. Moritz erlebte die Fertigstellung seines Wohnsitzes nicht.Doch seit dieser Zeit prägte sich die Bezeichnung "Schloß" für das ehemalige Benediktinerkloster [6].
Die Schließung des Franziskanerklosters war unter Protest der Mönche erfolgt. Schon vor der zweiten Visitation hatte der Rat die Priesterornate und die wertvollen Hostienbehälter und Pokale eingezogen. Als jedoch der Guardian Thilo Werner offen die Visitatoren beschimpfte, wurde er verhaftet und zwei Tage später der Stadt und des Landes verwiesen. Am 19. April 1540 zog er mit seinen Mönchen nach Halle. Da die Franziskaner im Gegensatz zu den Benediktinern keinen Grund und Boden besaßen, ging nur die städtische Klosteranlage in Landesbesitz über. Einen Teil der Gebäude schenkte Herzog Moritz 1543 dem ihn treu ergebenen Hauptmann Peter Pfefferkorn (sein Sohn Christoph heiratet später Agricolas jüngste Tochter Anna) [7]. In anderen Teilen der Klosteranlage tagte 1546 erstmals der sächsische Landtag unter Herzog Moritz. Auch Georgius Agricola nahm als Chemnitzer Bürgermeister an dieser Landtagssitzung teil.
Als Herzog Moritz 1546 die Ständeversammlung nach Chemnitz einberief, befand er sich in einer Zwangslage: Er brauchte dringend Geld zum Anwerben von Kriegsknechten und zugleich die Zustimmung für die Ernennung von sechs Kriegsräten, da Sachsen ein Krieg drohte. Die heftig geführte Debatte war für Moritz erfolgreich, wenngleich die Stände ihm ihre Unzufriedenheit mit seiner bis dahin praktizierten Innenpolitik deutlich spüren ließen. Als Räte im Kriegsfall wurden ernannt: Wolf von Ende von Rochsburg, Otto von Dieskau auf Finsterwalde, Georg von Carlowitz, Caspar von Schönberg zum Purschenstein, Christoph von Ebeleben und Dr. Ludwig Fachs (Bürgermeister von Leipzig) [8].
Warum berief Herzog Moritz erst 1546 die erste Sitzung des Landtages seit seinem Regierungsantritt 1541 ein, warum drohte Sachsen ein Krieg und von wem?
Der zwanzigjährige Moritz hatte nach dem Tod seines Vaters Heinrich am 18. August 1541 ein schweres Erbe angetreten. Vom Vater, der nach Wittenberger Vorbild die Reformation im Herzogtum mit den erwähnten Visitationen von 1539 und 1540 eingeführt hatte, war der junge Herzog kaum in die Politik einbezogen worden. Jetzt mußte er die Reformation im Herzogtum Sachsen zu Ende führen und das neue Kirchenwesen festigen. Andererseits wurde er aber

auch sofort in die außenpolitischen Auseinandersetzungen zwischen den europäischen Machtinteressen der Reichs- und Territorialfürsten gezogen.
Moritz kam in seiner Kindheit und Jugend mit verschiedenen Glaubens- und Lebensauffassungen in Berührung: Bei seinen in bescheidenen Verhältnissen lebenden Eltern in Freiberg war die kluge und willensstarke Mutter Katharina von Mecklenburg Anhängerin der reformatorischen Bewegung. Als Elfjährigen schickte ihn sein Onkel Herzog Georg nach Halle an den Hof seines Paten, des Kardinals und Erzbischofs von Magdeburg und Mainz Albrecht II., um ihn im römischen Glauben erziehen zu lassen [9]. Hier lernte er Christoph von Carlowitz, einen Studienfreund von Georgius Agricola, kennen, den er in späteren Jahren in seine Dienste nahm. Christoph von Carlowitz begleitete Moritz im Januar 1534 von Halle nach Dresden, denn eine Krankheit erzwang die Rückkehr des Jungen [10],[11]. Danach nahm ihn sein Onkel Herzog Georg an den Hof in Dresden, "wo er eine Atmosphäre der ernsten Arbeit, des Fleißes, der Pflichttreue, der Sparsamkeit und der Ordnung vorfand" [12]. Hier lernte er den Ratgeber seines Onkels, Georg von Carlowitz, den er später ebenfalls in seine Dienste nahm [13], und seinen Vetter und späteren Schwiegervater, den Landgrafen Philipp von Hessen, und dessen Schwester Elisabeth von Rochlitz kennen. Diese Frau hatte einen großen Einfluß auf den jungen Moritz: Sie vermittelte seine Heirat mit Anna, der ältesten Tochter von Philipp von Hessen [14], und spielte später auch im Schmalkaldischen Krieg eine Rolle. Mit Ernst II. von Schönburg war Moritz ebenfalls bekannt: Er war sein Patenonkel, und Moritz wurde von ihm bei dessen Tod 1534 im Testament bedacht [15]. Um den jungen Moritz nicht länger dem katholischen Einfluß auszusetzen, holten ihn die Eltern im Mai 1537 von Dresden nach Freiberg zurück. Sie gaben ihn schon kurze Zeit später an den kursächsischen Hof nach Torgau zur Erziehung im lutherischen Glauben. Bei seinem seit 1532 regierenden Vetter Kurfürsten Johann Friedrich lernte er Martin Luther kennen, der ihn mit einem jungen unberechenbaren Löwen verglich.
Besonders großen Einfluß auf Moritz hatte der Landgraf Philipp von Hessen. Er veranlaßte, daß Moritz bereits am 7. Juli 1537 mit seinem Vater zusammen die "Urkunde über Aufnahme der Herzöge Heinrich und Moritz in den Schmalkaldischen Bund mit der Verpflichtung, falls sie Herzog Georgs Lande erben" [16] unterschrieb und sich während des Reichstages zu Regensburg am 14. Juni 1541 dem zwischen Kaiser Karl V. und Philipp von Hessen abgeschlossenen Vertrag anschloß [17]. Danach waren diese Fürsten in Glaubenssachen wie alle evangelischen Fürsten frei, in weltlichen Dingen jedoch an den Kaiser gebunden [18]. Glauben und Politik waren für Moritz unterschiedliche Gebiete,

wenngleich sie durch die Ereignisse der Zeit als Einheit erschienen und vor allem bei der Bevölkerung Sachsens zu Zweifeln an Moritz' Einstellung zum evangelischen Glauben führten.

Moritz entließ bei seinem Regierungsantritt 1541 die meisten Ratgeber seines Vaters und schloß mit der Berufung von Räten seines Onkels Herzog Georg am 8. September 1541 bewußt an dessen Politik an. Durch seine Unerfahrenheit und Jugend war er in vielen Dingen ganz von den Erfahrungen, Meinungen und Vorschägen seiner Räte abhängig. Unter den 24 neuernannten Räten [19] waren auch drei Studienfreunde von Georgius Agricola, die zu den einflußreichsten Ratgebern des jungen Herzog avancierten: der bürgerliche Jurist Dr. Georg Komerstadt, Dr. Simon Pistoris als Kanzler und Christoph von Carlowitz sowie der langjährige Ratgeber Herzog Georgs Georg von Carlowitz auf Schönfeld, der Onkel des letzteren. In späteren Jahren ernannte Moritz noch den evangelischen Dr. Christoph Türck und den Leipziger Juristen Ulrich Mordeisen zu seinen Räten [20].

In dieser politisch wie diplomatisch komplizierten Situation stärkte der sächsische Herzog seine Macht im Lande durch Reformen, die Teil der inneren Umgestaltung des albertinischen Sachsens waren und damit zu einer wesentlichen Grundlage für den späteren Aufschwung Sachsens zu einem der führenden Manufakturstaaten Europas wurden. Sie betrafen vor allem die Bildung und die Verwaltung.

Der sächsische Landtag genehmigte auf seiner Sitzung am 16. Januar 1543 die Gründung von Fürstenschulen aus dem eingezogenen Kirchenbesitz [21]. Damit wurde die Säkularisierung des Klosterbesitzes Voraussetzung für die humanistische Bildungsreform. Neben den Stadtschulen (die Klosterschulen wurden liquidiert) entstanden in direkter Unterstellung und auf Kosten des Landes diese neuen Schulen für die Vorbereitung ausgewählter Zöglinge auf ein Universitätsstudium. An der Ausarbeitung der Schulordnung war Johann Rivius, ein Freund Georgius Agricolas, maßgeblich beteiligt [22]. Eng damit verbunden sind auch die Reformen an der Leipziger Universität. Georgius Agricola erwähnt sie in seinem Widmungsschreiben 1545 und bezeichnet darin Herzog Moritz "als den zweiten Schöpfer dieser Schule ..., denn kürzlich (1543) habt Ihr sie (die Universität) mit großen und reichlichen Stiftungen ausgestattet, um diejenigen, welche die schönen Künste und die Wissenschaften lehren, anzuregen..." [23]. Schon 1542 hatte Moritz der Universität 2000 Gulden Jahreseinkünfte bereitgestellt, 1544 schenkte er ihr sämtliche Gebäude des ehemaligen Dominikanerklosters und die Grundherrschaft über fünf Dörfer des ehemaligen Thomasklosters [24]. An dieser Bildungsreform hatte Georgius Agricolas Studienfreund,

der herzogliche Rat Georg Komerstadt maßgeblichen Anteil, denn er richtete, wie Agricola schreibt, "...sein ganzes Bestreben darauf, daß sie (die Studenten) vom Fürsten gefördert werden. Denn Ihr vor allem habt ihn ja dazu bestimmt, die Schule (Universität) in Leipzig mit Vermögen reichlich auszustatten..." [25].
Die Stellung von Herzog Moritz im Interessenkonflikt der Fürsten war schon am Beginn seiner Regierungszeit kompliziert. Zunächst versuchte er, sich durch eine Neutralitätspolitik gegenüber Kaiser Karl V. und dem Lager der Fürsten aus deren Meinungsverschiedenheiten herauszuhalten. Einerseits standen sich Kaiser und die deutschen Fürsten gegenüber, andererseits war das Lager der Fürsten in ein katholisches, das zum Kaiser hielt, und in ein evangelisches, das als Zusammenschluß einiger Fürsten zum Schmalkaldischen Bund die Protestanten bildete, gespalten. Viele kleine Streitigkeiten mit seinem Vetter Johann Friedrich von Sachsen (der führende Vertreter des Schmalkaldischen Bundes), wie sie nach der Teilung des Wettinischen Besitzes von 1485 immer wieder aufflackerten, führten dazu, daß Moritz am 19. 6. 1545 mit Kaiser Karl V. in Regensburg einen Vertrag schloß, der für Moritz zwar keine konkreten Zusicherungen vom Kaiser enthielt, ihm aber die Kurwürde, die ernestinischen Lande und die Schutzherrschaft über die Stifte Magdeburg und Halberstadt (ein ständiges Streitobjekt der sächsischen Fürsten) in Aussicht stellte [26]. Es war ein Vertrag, der ihn zugleich von den protestantischen Fürsten trennte und mit dem Moritz seine Selbständigkeit in politischen Entscheidungen aufgab [27].
Herzog Moritz mußte in dieser bewegten Zeit 1546 sofort nach seiner Rückkehr nach Sachsen den Landtag einberufen. Der Landtag tagte vom 13. bis 16. Juli 1546 in Chemnitz, um öffentliche Angelegenheiten und Fragen der Steuerpolitik zu beraten. Moritz erreichte sein Ziel: Er erhielt die für Verteidigungszwecke notwendige Kriegssteuer genehmigt, um 4 000 Kriegsknechte und 300 Reiter anzuwerben und damit für drei Monate zu besolden [28],[29].
Als der sächsische Kurfürst Johann Friedrich im Sommer 1546 Truppen für einen Krieg gegen den Kaiser anwarb, folgte im Juni praktisch die Kriegserklärung des Kaisers an die Mitglieder des Schmalkaldischen Bundes, die er am 6. August durch die Erklärung der Reichsacht über den sächsischen Kurfürsten unterstrich. Mit einem Mandat vom 8. August 1546 wurde Herzog Moritz bei Androhung des Verlustes der Regalien und Lehen sowie unter Androhung der Reichsacht die Ächtung seines Vetters Johann Friedrich sowie seines Schwiegervaters Philipp von Hessen befohlen. Zusammen mit König Ferdinand von Böhmen mußte er dem Befehl nachkommen und seine Neutralität aufgeben. Der Schmalkaldische Krieg war ausgelöst. Während die Mitglieder des Schmalkaldischen Bundes im Herbst 1546 eine schlagkräftige Armee zusammenstellten, berieten Moritz und sein Bruder August mit dem böhmischen

König Ferdinand vom 30. September bis 5. Oktober 1546 in Prag die taktische Umsetzung des kaiserlichen Befehls. In einem Vertrag regelten sie Einzelheiten für einen gemeinsam zu führenden Krieg [30]. Anschließend berief Herzog Moritz den Landtag nach Freiberg ein, an dem auch Georgius Agricola wiederum teilnahm. Nach harten Auseinandersetzungen, die vom 8. bis 11. Oktober dauerten [31], bewilligten die albertinischen Landstände dem Herzog Gelder zur Anwerbung von Kriegsknechten und gab ihm die Zustimmung zum gemeinsamen Vorgehen mit dem böhmischen König gegen die protestantischen Fürsten. Als letzter der Anwesenden unterschrieb Agricola die Festlegungen des Landtages. Große Teile der vorwiegend evangelischen Bevölkerung der Stadt Chemnitz und darüber hinaus Sachsens verstanden die gegen das evangelische Kursachsen und auf den Zusammenschluß mit dem katholischen Böhmen gerichtete herzoglichen Politik nicht. So kam es in Opposition gegen den Herzog in Chemnitz und anderen Städten (beispielsweise Freiberg) zur Bildung einer "kursächsischen Partei", die jedoch, solange der Schmalkaldische Krieg nicht offen ausgebrochen war, noch keinen Einfluß auf die Stadt ausübte [32].
Als Kurfürst Johann Friedrich mit seinen Truppen in Süddeutschland (Donaufeldzug) stand, besetzte der böhmische Hauptmann Sebastian von der Weitmühl in Auftrag des Königs Ferdinand von Böhmen die kursächsischen Bergwerke bei Platten und Gottesgab, das ernestinische Vogtland mit Adorf und Anfang November Oelsnitz [33]. Herzog Moritz verließ am 28. Oktober Dresden, besetzte Plauen und die kursächsische Stadt Zwickau (am 7. November ließ er huldigen), nahm Altenburg, Werdau, Crimmitschau, Borna, Colditz, Leisnig, Grimma, Wurzen, Eilenburg und Torgau ein sowie am 22. November Halle, zog nach Naumburg, wo er den von seinem Vetter Johann Friedrich eingesetzten Bischof Nicolaus von Amsdorf entließ und den rechtmäßig von den Stiftern gewählten Julius von Pflug in das Bischofsamt einsetzte. Anschließend besetzte er den größten Teil Thüringens [34]. In der falschen Annahme, der Kaiser hätte die Armee des Kurfürsten in Süddeutschland geschlagen, entließ Moritz nach der Landnahme seine Truppen. So war es für Johann Friedrich ein leichtes, als er von der Besetzung seines Besitzes erfuhr und rachedurstig zurückkehrte, Thüringen sowie andere Gebiete im Dezember 1546 zurückzuerobern und Neujahr 1547 kampflos in Halle einzuziehen. Während ab 5.1.1547 Leipzig belagert wurde, ließ Moritz die Städte Chemnitz, Zwickau, Dresden und Freiberg in größter Eile zur Verteidigung befestigen. Die Stadt Chemnitz erschien Moritz strategisch am günstigen gelegen. Hier schlug er bereits im Herbst 1546 sein Hauptquartier auf. Während des strengen Winters 1546/47 lagen die herzoglichen Truppen in der Stadt, bedroht von dem bei Altenburg in Stellung liegenden kurfürstlichen Gegner, der ständig kleinere Vorstöße vor-

nahm. So hatten die kurfürstlichen Truppen die Rochsburg als Repressalie gegen ihren Besitzer, den herzoglichen Befehlshaber von Zwickau, Wolf von Ende, niederbrennen lassen [35].
Als nach langwährenden Verhandlungen in Außig (Usti nad Labem) endlich der böhmische König Ferdinand am 25. Februar 1547 mit 2000 Reitern und weiterem Kriegsvolk in Pirna [36] eintraf und sich die Truppen des Markgrafen Albrecht Alcibiades von Brandenburg-Kulmbach zur gleichen Zeit mit 6000 Mann [37] mit Moritz' Streitmacht bei Chemnitz vereinigten [38], beschloß Moritz Ende Februar 1547, sich dem Feinde zu stellen. Er versuchte, dem eindringlichen Rat von Georg von Carlowitz aus Kriebstein folgend, zunächst die strategisch wichtigen Muldenpässe bei Rochlitz, Grimma und Eilenburg zu sichern. Es drohte nach Carlowitz Mitteilung außer feindlichen Handlungen durch den Kurfürsten auch ein Aufstand des Volkes gegen Moritz, da der Kurfürst die Sympathien der Sachsen habe [39]. Am 25. Februar zog Markgraf Albrecht Alcibiades mit seinen Truppen nach Rochlitz, um die einzige noch passierbare Muldenbrücke auf dem Weg nach Leipzig zu sichern [40].
Hier in Rochlitz residierte Moritz' Tante, die Herzoginwitwe Elisabeth. Sie empfing den Markgrafen, dem sie sehr viel Wohlwollen entgegenbrachte [41]. Seine Anwesenheit war aber auch dem Kurfürsten bekannt. Dieser überfiel in der Nacht vom 1. zum 2. März Rochlitz und nahm den Markgrafen mit seinen Kriegsknechten gefangen [42]. Nach diesem "Unfall", wie es hieß [43], gab Moritz sein Hauptquartier in Chemnitz am 2. März auf und verlegte es nach Freiberg. Er befahl am 3. März Georgius Agricola, ihm nach Freiberg ins Feldlager zu folgen. Diesem Befehl nachzukommen und seine Stadt in diesen schweren Zeiten ohne Bürgermeister zu lassen, war für Agricola sicherlich schwer. Auch hatte er persönliche Gründe: seine Frau war schwanger, und er fürchtete, sein Hab und Gut könnte in den Kriegswirren in Chemnitz Schaden nehmen [44].
In den ersten Märztagen richtete der Rat wiederholt Bitten um Rückkehr des Bürgermeisters an den Herzog nach Freiberg. Alles Drängen und Bitten nützte nichts. Agricola mußte dem Rat mitteilen, daß er noch "in Geschäften" benötigt wird und "dem Lager nachziehen müsse" [45]. Bis zum 11. März bestand zwischen Agricola und der Stadt Chemnitz direkter Kontakt; ein Bote zu Pferde oder zu Fuß brachte täglich Anweisungen des "Regens". So empfahl Agricola dem Rat am 6. März 1547, ein wachsames Auge auf die Anhänger der "kursächsischen Partei" zu haben, "...und wollet Ihr gute achtung Darauff geben, Das nicht meuterei gemacht und die stad leichtfertig dem feinde ubergeben werde" [46]. Durch Agricolas Ratschläge konnte sich der Rat bei der Belagerung durch kursächsische Truppen ab 8. März aufs Verhandeln verlegen und die Stadt bis zum 3. April als herzoglichen Besitz halten [47]. Dann mußte sie sich ebenso wie

Freiberg ergeben und eine hohe Brandschatzung zahlen sowie dem Kurfürsten Johann Friedrich huldigen.
Zwischen der Stadt Chemnitz und Georgius Agricola bestand vom Feldlager in Freiberg aus bis zum 11. März 1547 schriftlicher Kontakt. Danach korrespondierten der Rat der Stadt und Herzog Moritz bis zum 29. März direkt [48]. Agricolas Spur verliert sich zunächst nach dem 11. März (Feldlager in Freiberg). Sein Name erscheint weder in der politischen Korrespondenz von Herzog Moritz noch gibt es sonstige Hinweise auf seinen Aufenthalt oder seine Aufgaben. Ob er sich weiterhin in Freiberg beim herzoglichen Heer aufhielt, ist fraglich.
Die Lage des in Dresden im Feldlager liegenden böhmischen Königs war Anfang März 1547 sehr kritisch geworden: die böhmischen Stände traten in Prag zusammen und verweigerten ihrem König die Unterstützung [49]. Gleichzeitig beschlossen sie, ein eigenes Heer aufzustellen. Verschärft wurde die Situation in Böhmen durch den Einzug der herzoglichen Heerestruppen [50], denn ab 24. März 1547 lagerten sie, von Freiberg über Frauenstein ziehend, in Brüx (Most) und Komotau (Chomutov) [51]. Nach der Vereinigung der herzoglichen und der Heere König Ferdinands in Komotau zogen die Truppen nach Eger (Cheb) weiter [52]. Diese Truppenverlegung und der drohende Aufstand in Böhmen hatten zur Folge, daß Kaiser Karl endlich dem Drängen von Moritz' Ratgeber Christoph von Carlowitz nachgab und ab 28. März seinen Verbündeten zur Hilfe eilte. Er führte sein Heer von Nürnberg aus durch den Frankenwald nach Tirschenreuth, wo ihm Herzog Moritz und König Ferdinand entgegen kamen [53], weiter nach Eger [54]. Vom 5. bis 12. April war Eger der Sammelpunkt aller Heere mit 18 000 deutschen und böhmischen Fußknechten, 5 000 Spaniern, 6 000 Reitern, 400 Brandenburgern und 900 Husaren, insgesamt ca. 30 000 Mann kaiserliche und königliche Truppen [55]. Einen gütlichen Vergleich zwischen den feindlichen Parteien lehnte der Kaiser ab, da Kurfürst Johann Friedrich nicht darum nachgesucht hatte. Auch die bis Ende März zwischen herzoglicher und kurfürstlicher Seite geführten Verhandlungen in Mittweida/Sachsen um einen Waffenstillstand waren erfolglos geblieben [56].
Herzog Moritz war zwischenzeitlich bis 31. März 1547 [57] von Komotau nach Dresden zurückgekehrt. Am 28. März leitete er König Ferdinand Briefe aus Zwickau zu, in denen Klagen geführt werden über die ausstehende Bezahlung der böhmischen Landsknechte [58]. Dabei könnte auch ein Brief an Georgius Agricola gewesen sein, den der von König Ferdinand ernannte Befehlshaber über die böhmischen Truppen Walter von Habsberg am 26. März 1547 an Georgius Agricola schrieb. Dieser Brief ist insofern interessant, weil Habsberg Agricola darin bittet, einen "Gesandten", der sich durch einen Brief vom ihm

ausweisen werde, "alsbald er sich bei Euch anzeigen wird, von stundan einzulassen, ihm alsbald mit einem wegkundigen fertigen Boten zu versehen, damit die Gesandten gegen Hof zu meinem Gnädigen kommen mögen...". Dieser nicht klar zu deutende Brief ist das einzige Zeugnis, daß sich Georgius Agricola wahrscheinlich vom 11. März an bis zur Vereinigung der Heere von König Ferdinand und Herzog Moritz im Gefolge des böhmischen Königs aufgehalten hat und hier spezielle Aufgaben hatte, die jedoch nicht näher bekannt sind.
Agricola selbst schreibt über seine Teilnahme am Schmalkaldischen Krieg nur sehr wenig. Im Zusammenhang mit der Herausgabe der überarbeiteten Auflage der "Maße und Gewichte" erwähnt er seine Teilnahme. Im Vorwort vom 10. März 1549, das er Kurfürst Moritz und seinem Bruder August widmete, schreibt er, daß er ihnen danke

... insbesondere aber wegen der Gunstbeweise, die ich von Euch vor kurzem empfangen habe, als ich mit durch Böhmen zum Heere des Kaisers zog. Weil ich nämlich sah, daß Ihr zu dem Kaiser (Karl V.) *und König* (Ferdinand), *denen Gott die Regierungsgewalt über die Deutschen verliehen hat, in Treue haltet, was den Fürsten besonders gut ansteht, glaubte ich, den Eid, durch den ich Euch verpflichtet war, in keinerweise geringachten zu dürfen ...*[59].

Kaiser Karl V. wollte eine Entscheidung in diesem Krieg auf kürzestem Wege herbeiführen. Am 11. April begann der kaiserliche Heereszug gegen den Kurfürsten von Sachsen. Agricola ritt mit Herzog Moritz als Vorhut vor dem kaiserlichen Heer (Moritz wollte sich vor dem Eintreffen des Kaisers durch eine Huldigung in den Städten Anspruch auf seine Erblande sichern) über Plauen nach Zwickau auf "gerüsteten Pferden..., die mich durch die drei spanischen Regimenter und Lager brachten, welche sich heute gegen Schönfels von hier (Zwickau) erstrecken" [60] mit dem ausdrücklichen Befehl des Herzogs, von Zwickau aus den Rat von Chemnitz aufzufordern, sich wieder den herzoglichen Truppen zu ergeben. Noch zwei ähnliche Briefe schickte er von Zwickau aus, wo er am 14. und 15. April weilte, nach Chemnitz. Dann mußte er weiterziehen. Am 16.und 17. April hielt er sich in seiner Heimatstadt Glauchau auf. Wieder schrieb er, denn noch immer hatte er keine Antwort aus Chemnitz:

(Ich) *schreibe euch nun zum vierten Male, weil ich Euch gerne retten möchte...* (schickt einen Reiter nach Glauchau zum Herzog mit der Nachricht, daß Ihr Euch ergebt)...*wenn das nicht geschieht, werdet Ihr alle um Leib und Leben kommen und unser gnädiger Herr will sonst, wie er mir aufgetragen hat zu schreiben, mit Euch ein Exempel machen wie es heute Morgen denen auf Schneeberg und den sieben Fähnlein Knechten, die dort lagen, ergangen ist*

....Der liebe Gott gebe Euch die Gnade, daß Ihr Euch vor solchem Ernst möget hüten und unser aller Gut neben Eurem Leben errettet (werde) [61].

Kurz nach der Absendung dieses Schreibens erhielt Agricola die Nachricht aus Chemnitz, daß sich die Stadt bereits am 14. April den herzoglichen Truppen ergeben hatte. Damit wurde die Absicht Herzog Moritz hinfällig, von Glauchau aus nach Chemnitz zu ziehen und dort ein Strafgericht abzuhalten.
Kaiser Karl V. zog von Eger aus die alte Handelsstraße nordwärts über Adorf, Oelsnitz, Reichenbach, Werdau nach Glauchau und wollte in der Stadt Quartier nehmen, doch die Stadt brannte. Es ist möglich, daß sie von kurfürstlichen Anhängern in Brand gesteckt wurde, denn Kurfürst Johann Friedrich hatte, als er von dem Herannahen des Kaisers erfuhr, "... gedroht, er lasse in Flecken, in denen der Kaiser oder König gelagert habe, Feuer legen. Und demnach ist am 17. April Glauchau niedergebrannt, kaum daß Herzog Moritz zu Pferde gesessen war" [62]. So übernachtete er im Pfarramt Jerisau bei Glauchau, wo Agricolas Bruder Franz einst Pfarrer war.
Der Kaiser und seine Vorhut vereinigten sich bei Gnandstein, überquerten am 18. April mit den Heeren die Zwickauer Mulde bei Rochlitz [63], zogen weiter nach Colditz, Leisnig (21. April), Oschatz, Lommatzsch (22. April), Ragwitz, Jahna (23. April) und Schirmenitz [64].
Kurfürst Johann Friedrich, der währenddessen Dresden attackiert hatte, wollte sich am 24. April von dort nach Torgau zurückziehen. Er wurde am gleichen Tag bei Mühlberg auf der Lochauer Heide an der Elbe nach kurzem Gefecht geschlagen und gefangengenommen. Die kaiserlichen Truppen zogen über Torgau nach Wittenberg weiter, und Agricola mußte im Heer folgen.
Der Kaiser hatte gesiegt, doch es war noch nicht das Ende der Kriegshandlungen für die Stadt Chemnitz. Sie wurde am 24. April 1547 nochmals von kursächsischen Truppen besetzt. Erst nach einer weiteren Woche verließen die Truppen endgültig die Stadt. Als am 2. Mai 1547 das herzogliche Heer wieder einrückte, kehrte auch Georgius Agricola nach Hause zurück. Die Wittenberger Kapitulation vom 19. Mai 1547 beendete den Krieg. Kurfürst Johann Friedrich wurde zunächst zum Tode verurteilt, gegen Auslieferung seiner Festungen aber zu lebenslanger Haft begnadigt. Moritz bekam den größeren Teil des bisherigen Kurfürstentums mit den Gebieten um Wittenberg und Torgau, dem Muldenland mit Grimma und Leisnig sowie das Pleißenland mit Altenburg und Zwickau. Am 4. Juni 1547 wurde Moritz im Feldlager des Kaisers zum Kurfürsten ausgerufen [65].
Georgius Agricola wurde mit dem Ende des Schmalkaldischen Krieges keinesfalls aus den Diensten für seinen Landesherrn entlassen. Auf Verlangen seines

neuen Kurfürsten mußte er sich für ein weiteres Jahr zum Bürgermeister wählen lassen und trat dieses Amt mit der ersten Ratssitzung am 17. Mai 1547 an. Bereits am 13. Juli vertrat er die Stadt Chemnitz auf der Sitzung des Landtages, diesmal in Leipzig.

Moritz hatte sein Ziel, die sächsische Kurwürde, erreicht. Noch hielt er zum Kaiser. Er war jedoch zugleich mit der Durchführung des "Interim", dem kaiserlichen Versuch eines Religionsvergleiches für ganz Deutschland, in Sachsen belastet. Diese ursprünglich für Protestanten wie Katholiken verbindlich gedachte Lösung, die konfessionelle Spaltung zu überwinden, war von den Theologen der erasmischen Richtung Johann Agricola aus Brandenburg (nicht mit Georgius Agricola verwandt) auf lutherischer Seite sowie auf katholischer Seite von dem Bischof von Naumburg, Julius von Pflug, und dem Weihbischof von Mainz, Michael Helding, im Mai 1548 ausgearbeitet worden [66]. Da das "Interim" Reichsgesetz war, wurde über die Form seiner Einführung in Sachsen auf der Sitzung des Landtages vom 21. Dezember 1548 bis zum 1. Januar 1549 in Leipzig verhandelt, an der auch Georgius Agricola, sein Freund Julius von Pflug ebenso wie der Wittenberger Theologieprofessor Philipp Melanchthon teilnahmen. Dieses "Leipziger Interim", das eine protestantische Auslegung in abgeschwächter Form war, wurde nach außerordentlich harten Auseinandersetzungen angenommen. Über Agricolas Position auf diesem Landtag ist nichts bekannt.

In Chemnitz hatte Agricola als Bürgermeister zunächst einen schweren Stand bei der Durchsetzung des Interims. Hier stellte sich der evangelische Superintendent Magister Wolfgang Fues gegen seine Anordnungen. Er wurde seines Amtes enthoben.

Während des Schmalkaldischen Krieges und Agricolas Abwesenheit war die "Kursächsische Partei" in Chemnitz aktiv geworden. Ihren Ausgangspunkt hatte sie in der, vor allem in den städtischen Mittelschichten verbreiteten Befürchtung, Herzog Moritz werde das Land "rekatholisieren", eine Auffassung, die durch das Bündnis mit Böhmen und Kaiser Karl V. gegen die evangelischen Fürsten und die späteren Kriegshandlungen immer wieder bestärkt wurde. Führer der Opposition war in Chemnitz der Ratsherr und Leinwandhändler Nickel Schulz. Ihm schlossen sich weitere 14 Chemnitzer Bürger an. Nach der endgültigen Befreiung der Stadt und der erneuten Einsetzung Agricolas als Bürgermeister wurde diese Opposition zerschlagen; 15 Bürger wurden verhaftet und in Ketten nach Dresden überführt. Sie kamen jedoch schon bald nach Chemnitz zurück, wo sie noch einige Zeit inhaftiert waren.

Das Verhalten dieser opponierenden Bürger hatte in den Kriegstagen in Chemnitz viel Verwirrung gestiftet. Agricolas Position als Bürgermeister

beeinträchtigte sie nicht. Wohl aber schadete das Verhalten Nickel Schulzes dem Ansehen der Vertreter des textilen Gewerbes in der Stadt: Er wurde nach Stellung einer Kaution freigelassen und aus dem Chemnitzer Rat gestoßen.
Georgius Agricola und Julius von Pflug erneuerten im sächsischen Dienst ihre Freundschaft. Nach seiner Amtsübernahme als Bischof von Naumburg-Zeitz lud Julius von Pflug seinen Freund 1547 nach Zeitz ein, da er mit ihm "über sehr wichtige Dinge sprechen wolle". Am 11. August 1547 antwortete ihm Agricola, er könne die Einladung wegen dringender Amtsgeschäfte nicht annehmen, daß er aber bald mit der Entlastung vom Bürgermeisteramt rechne [67]. Ob Agricola und Pflug sich trafen, ist nicht bekannt. Die Hoffnung auf Befreiung von diesem Amt bewahrheitete sich erst im Frühjahr 1548. Agricola teilte seinem Freund Wolfgang Meurer am 22. April 1548 mit, daß er "vom Bürgermeisteramt, das ich auf Befehl des Fürsten zwei Jahre lang übernommen habe, abgelöst worden und nun frei bin" [68]. Auch mußte er weiterhin seine Stadt auf Beratungen des Landtages (z.B. bei den Verhandlungen zum "Interim") vertreten. In diesem Schreiben brachte er auch seine Hoffnung zum Ausdruck, daß Meurer von dem Amt des Rektors der Leipziger Universität, das dieser ebenfalls auf Befehl des Landesherrn übernehmen mußte, abgelöst sei. Dies traf jedoch nicht zu. Meurer mußte weiterhin im Amt bleiben. Agricola schreibt weiter, daß er hoffe, sie würden jetzt Zeit zur Erneuerung ihrer Freundschaft finden. Mit einem Geschenk seiner Bücher, dem geologisch-mineralogischen Sammelband von 1546, wolle er den Anfang machen und hoffte auf ein fachkundiges und kluges Urteil [69].
Trotz seiner Belastungen als Bürgermeister arbeitete Agricola 1547 wieder wissenschaftlich. Im Herbst 1547 teilte Georg Fabricius seinem Freund Meurer in Leipzig mit, daß Agricola schon mit den Büchern über die Wiederherstellung der Gewichte und Maße begonnen habe. Bis August 1549 stellte Agricola einen Sammelband mit 13 metrologischen und monetarischen Schriften (kurz "Maße und Gewichte" genannt) fertig, der 1550 im Froben-Verlag in Basel mit folgenden Büchern erschien [70]:

1. De mensuris et ponderibus Romanorum atque Graecorum libri V (Maße und Gewichte der Römer und Griechen, 5 Bücher, 2. Auflage),
2. De externis mensuris et ponderibus libri II (Die ausländischen Maße und Gewichte, 2 Bücher),
3. Ad ea quae Andreas Alciatus denuo disputavit de mensuris et ponderibus brevis defensio liber I (Kurze Verteidigung gegenüber dem, was Andreas Alciatus von neuem über Maße und Gewichte vorgebracht hat, 1 Buch),
4. De mensuris quibus intervalla metimur liber I (Die Maße, mit denen wir die Entfernungen messen, 1 Buch),

5. De restituendis ponderibus atque mensuris liber I (Die Wiederfeststellung der Maße und Gewichte, 1 Buch),
6. De precio metallorum et monetis libri III (Der Preis der Metalle und Münzen, 3 Bücher).

Auch für diese Schriften ist wiederum kennzeichnend, daß Agricola einerseits die literarischen Überlieferungen der Antike, soweit sie ihm zugängig waren (viele Schriften wurden ja gerade erst wiedergefunden), auswertete; andererseits nahm er eine Fülle von Darstellungen der Zeitverhältnisse aus der 1. Hälfte des 16. Jahrhunderts darin auf, um sie vergleichend und dokumentarisch als Alternative zu den Verhältnissen in der Antike zu verwenden. Der Band enthält 1 300 Zitate von antiken und 200 Zitate von neueren Autoren [71]. Das Grundanliegen Agricolas war, auf die Vorteile der antiken, vorwiegend der römischen, Maß-, Gewichts- und Münzverfahrensweise aufmerksam zu machen und ihre Wiedereinführung zu empfehlen. Er beschäftigte sich also mit einem aktuellen Problem. Die starke staatliche Zersplitterung Europas im Mittelalter hatte eine Unmenge an unterschiedlichen Maßen, Gewichten und Münzen hervorgebracht und bis zur Mitte des 16. Jahrhunderts noch zu keiner reichseinheitlichen Lösung geführt. Sie belastete in der ersten Hälfte des 16. Jahrhunderts nicht nur Handel und Gewerbe stark, sondern durch damit verbundene Manipulationen auch das Lebensniveau des Volkes.

Drei im Sammelband enthaltene Schriften sollen hier hervorgehoben werden. In dem Werk "Die Wiederfeststellung der Gewichte und Maße" betont Agricola, daß es für die Ärzte seiner Zeit unmöglich ist, antike Rezepte in der Heilkunde anzuwenden, da die genauen Maß- und Gewichtseinheiten verlorengegangen seien. Einen Ausweg sah er nur in der Wiederfeststellung der antiken Maße [72]. Das wichtigste Buch dieses Sammelbandes ist "Der Preis der Metalle und die Münzen". Durch seine Untersuchung über Wesen, Zahl und Art sowie Verwendungsmöglichkeiten der Metalle und deren Wert bzw. Verwendbarkeit als Münzen kommt Agricola zu Aussagen über den Vorteil der Ware-Geld-Beziehungen gegenüber dem Ware-Ware-Tausch. Er nennt drei Gründe, warum Geld vorteilhafter im Handel ist als Warentausch: 1. Die Münze ist geeigneter für Vergleiche der Preise untereinander als die Ware selbst; 2. Geld kann mit meist viel geringeren Kosten und wenig Raum getragen oder gefahren werden als Waren, die zahlreich sind und großen Raum beanspruchen; 3. einige "Völker brauchen unsere Waren nicht, aber wir können ihre Waren nicht entbehren. Trotzdem steht die Münze dem nicht entgegen, daß die Kaufleute mitunter Waren gegen Waren tauschen, sofern sie wollen. Ich glaube, ich habe nun auch hinreichend entwickelt, ... daß sie bequemer ist als der Warentausch."[73] Auffallend ist, daß Agricola in diesem Buch Gedanken anführt, die stark an die 1530/31 anonym erschienenen Albertinischen Münzstreit-Schriften erinnern. In dem Sammelband ist auch eine Schrift aufgenommen, mit der Agricola in den wissenschaftlichen Meinungsstreit über aktuelle Auffassungen zu Maßen und Gewichten eingriff und mit der er zugleich einen zeitgenössischen Gelehrten attackiert. Es ist die "Kurze Verteidigung gegenüber dem, was Andreas Alciatus von neuem über Maße und Gewichte vorgebracht hat". Dieses Buch ist die Fortsetzung der Richtigstellung von Aussagen des Italieners zu römischen Gelehrten über römische Maße und Gewichte, die Agricola schon 1533 mit der ersten Herausgabe seines Werkes "Maße und Gewichte" begonnen und auf die ihm Alciatus geantwortet hatte.

Der Sammelband "Maße und Gewichte" fand bei den meisten Gelehrten sofort Anerkennung. Er hatte jedoch einen Nachteil: Für notwendige Umrechnungen in andere Maß-, Gewichts- und Münzeinheiten war er unhandlich. Deshalb wurde er von anderen Autoren in tabellarische Zusammenfassungen umgearbeitet. Bereits 1552 gab Philander Gastisioni Agricolas Buch in Tabellenform heraus (er nennt auch Agricola als Autor). Spätere Bearbeitungen von du Pinet und Hotomann erwähnen Agricola als Autor nicht mehr. So blieb zwar Agricolas wissenschaftliche Leistung erhalten, sein Name wurde aber in den folgenden Jahrhunderten kaum noch mit metrologischen Problemen in Zusammenhang gebracht.

In diesen Jahren beendete Agricola noch ein weiteres Buch mit dem Titel "De animatibus subterraneorum" (Lebewesen unter Tage). Im März 1548 schickte er es seinem Freund Fabricius zur Begutachtung nach Meißen; danach reichte er es im Froben-Verlag in Basel ein. Es erschien 1549. Im Widmungsschreiben zu diesen Buch schreibt Agricola, daß er, nachdem er die Stoffe unter Tage, die ohne Leben sind, in seinen Schriften behandelt hat, nun auch die Lebewesen unter Tage beschreiben will. Damit hat Agricola als erster die Natur in die beiden großen Bereiche Belebt und Unbelebt, Organisch und Anorganisch unterteilt. Der Agricola-Forscher Hans Prescher bezeichnet das als eine echte philosophische Leistung [74].

Nach der Fertigstellung dieser Werke und deren Herausgabe widmete sich Agricola ganz der Endfassung seines schon lange angekündigten Werkes "De re metallica" , ein Buch über den Bergbau und das Hüttenwesen in zwölf Kapiteln. Den Textteil konnte er 1550 abschließen. Die Anfertigung der Abbildungen verzögerte jedoch die Übersendung des Manuskriptes an den Froben-Verlag nach Basel. Das Zeichnen der Skizzen übertrug Agricola Blasius Wefring in Joachimsthal. Dort hielt sich Agricola in dieser Zeit bis März 1551 oft auf. Der evangelische Pfarrer von Joachimsthal Johann Mathesius berichtet darüber am 1.Januar 1551 an den Wittenberger Professor Paulus Eber:

Einen vollen Monat lang ist hier Dr. Agricola gewesen, als unserem alten Herrn, dem Grafen Hieronymus Schlick, das brandige Bein abgenommen wurde. ... Täglich hat mich Agricola besucht, oder ich ihn. Wir haben uns über die Erzgänge angenehm wissenschaftlich unterhalten ... Er wird die Bücher über die Arbeit in den Bergwerken herausgeben. Die Bücher habe ich gesehen, wenn der Zeichner die Bilder der Werkzeuge und Gänge fertiggestellt hat ...[75]

In dieser Zeit überließ Agricola dem Grafen von Schlick ein Darlehn von 5 000 Gulden, was auf Agricolas Reichtum schließen läßt.
Wefring war nicht der einzige Zeichner, nach dessen Vorlagen dann in Basel die Holzschnitte angefertigt wurden. Immerhin waren 292 Skizzen nötig! Signaturen auf einigen dieser schönen anschaulichen Holzschnitte, durch die sowohl hüttentechnische Prozesse sowie bergmännische Anlagen und Arbeiten als auch geologische Verhältnisse mit Verwerfungen, Gangführungen usw. dargestellt werden, ermöglichen eine namentliche Zuschreibung an Hans Rudolf Manuel (gen. Deutsch) und Zacharias Specklein[76]. Die Anfertigung der Skizzen verzögerte die Abgabe des Buches an den Verlag. Georg Fabricius berichtete darüber am 23. März 1553 an seinen Freund Meurer, daß Agricola

... sein Buch über die Pest noch vor dem 1. März herausgegeben (hätte), *wenn er nicht durch das Werk über den Bergbau behindert gewesen wäre, das er jetzt mit Bildern von den Maschinen und anderen Werkzeugen fertiggestellt nach Basel geschickt hat. Ich habe eine Elegie vorgeheftet, die den Inhalt aller Bücher umfaßt, die er herausgegeben hat; er wollte es nämlich so ...*[77]

Für sein Hauptwerk "De re metallica" hatte Agricola seit 1528 systematisch in 20jähriger Kleinarbeit eine "Menge des Stoffes über den Bergbau und das Hüttenwesen" bei den antiken Schriftstellern, in zeitgenössischen Veröffentlichungen, aus Zuarbeiten von Freunden und Bekannten sowie durch eigene Erfahrungen und Anschauungen gesammelt und geordnet. Auch zeitgenössische Autoren schloß er ein. Im Widmungsschreiben nennt er einige, so den Engländer Angelicus Pandulfus, den Freiberger Arzt Ulrich Rülein von Calw (er schrieb "Ein nützlich Bergbüchlein" um 1500) und den Italiener

... Vannocio Biringuccio aus Siena, ein beredter, in vielem bewanderter Mann, (der in dem Buch "Pirotechnia") *das Gießen, Scheiden und Löten der Metalle in italienischer Umgangssprache behandelt ... Beim Lesen habe ich mich wieder der Gemenge erinnert, die ich in Italien habe herstellen sehen...*

Agricola erwähnt dann auch, wie er das Buch erhielt:

Dieses Buch hat mir Franciscus Bodoarius, ein venezianischer Patrizier, ein kluger und bedeutender Mann, geschenkt; er versprach es mir damals, als er im vergangenen Jahre (13.8.1549) *im Gefolge des Königs Ferdinand, zu dem er von den Venezianern als Gesandter geschickt wurde, in Marienberg war* [78].

Agricola erwähnt in dem Schreiben auch verschiedene "Chymisten, die das Kunststück fertiggebracht haben, ein Metall in ein anderes zu verwandeln ..." und ihre Bücher; von dieser "Kunst" hält er jedoch nichts.
Georgius Agricola war nahezu ausschließlich auf die eigene Sammlung und Systematisierung von Erfahrungen im Bergbau und Hüttenwesen und deren praktische Kenntnis angewiesen. Darum ist auch "... die ganze umfassende Darstellung des Bergbaus ... Agricolas orginäre Leistung. Das gleiche gilt vollständig für die Aufbereitung und weitgehend für das Hüttenwesen" [79].
Agricola hat dem Werk "De re metallica" eine dem bergbaulichen und hüttentechnischen Produktionsprozeß entsprechende Gliederung in 12 Bücher (Kapitel) gegeben. Im Widmungsschreiben faßt er den Inhalt der einzelnen Bücher kurz zusammen:

(Das) *1. enthält das, was gegen diese Kunst und gegen die Bergwerke und Bergleute, möglicherweise von denselben Leuten, gesagt werden kann.*

Das 2. entwirft ein Bild des Bergmannes und geht über zu der Erörterung, wie man sie gewöhnlich über die Auffindung der Erzgänge anstellt.

Das 3. handelt von den Gängen, Klüften und Gesteinsschichten.

Das 4. entwickelt das Verfahren des Vermessens der Gänge und beschreibt auch die bergmännischen Ämter.

Das 5. lehrt den Aufbau der Gänge und die Kunst des Markscheidens.

Das 6. beschreibt die Gezähe (die Werkzeuge) *und Maschinen im Bergbau.*

Das 7. handelt vom Probieren der Erze.

Das 8. unterrichtet über die Arbeit des Brennens, des Pochens, des Röstens.

Das 9. legt das Verfahren des Erzschmelzens dar.

Das 10. unterrichtet die Bergbautreibenden darüber, wie man Silber von Gold und Blei von diesem und von Silber scheidet.

Das 11. weist die Wege, wie man Silber von Kupfer trennt.

Das 12. gibt Hinweise für die Gewinnung von Salz, Soda, Alaun, Vitriol, Schwefel, Bitumen und Glas. [80]

In diesem sachlich klaren, gelegentlich mit Zitaten anderer Schriftsteller untermauerten Werk wird von Agricola - und das ist erstmalig in der Literatur - die körperlich schwere, gefährliche und gesundheitschädigende Arbeit des Bergmannes dargestellt. Ja, er macht nicht nur auf die Schwere dieser Arbeit aufmerksam, sondern weist auch darauf hin, daß der Bergmann "... in vielen Künsten (Handwerken) und Wissenschaften einigermaßen bewandert sein" muß[81]. Dazu zählt er die Philosophie, "... damit er die Entstehung, die Ursachen der Entstehung und das Wesen der Stoffe unter Tage kennt ...", die Medizin, die Astronomie, das Markscheidewesen, das Rechnen, "... damit er die Kosten, die für die Gezeuge und die Förderung anzusetzen sind, verrechnen kann ...", die Zimmermannsarbeit, "... damit er verschiedene Kunstgezeuge und Grundbauten selbst herstellen oder noch besser die Art der Herstellung anderen erläutern kann ..."[82], das technische Zeichnen von Modellen und schließlich das Recht, hauptsächlich das Bergrecht. Agricola sagt auch, daß nur sehr wenige in all dem bewandert seien. Das zeigt, daß der arbeitsteilige Prozeß schon so weit fortgeschritten war, daß sich einige Bergleute besonders in den Schürfverfahren, andere bei der Erzwäsche, bei der Erzschmelze, im Markscheidewesen, bei der Werkzeugherstellung oder im Bergrecht auskannten. Mit dieser Darstellung hat Agricola zweifellos dazu beigetragen, ein dem wirklichen bergmännischen Produktionsprozeß entsprechendes Berufsbild zu vermitteln, das durch das damals umgehende "Berggeschrei" stark abgewertet worden war.

Bei der Erkundung von Lagerstätten und Erzgängen läßt Agricola nur die bergmännische Erfahrung gelten. Zugleich wendet er sich gegen den Gebrauch der Wünschelrute, die er als Zauberrute bezeichnet, deren Ausschlag in der Handhabung des Rutengängers liege.

Das umfangreichste Kapitel ist das sechste Buch. Es gibt Auskunft über den Entwicklungsstand der Bergbautechnik des 16. Jahrhundert. Hier unterscheidet Agricola nach einer Beschreibung der Werkzeuge des Bergmannes und der gebräuchlichsten Fördergefäße zwischen fünf Förder- und drei Bewetterungsmaschinentypen. Er stellt sie auch bildlich dar. Obgleich die technischen Zeichnungen weder Größenangaben noch technische Parameter enthalten, ermöglichte allein schon die zeichnerische Klarheit einen Nachbau. Sie haben noch 200 Jahre nach dem Erscheinen der ersten Auflage von "De re metallica" den technischen Stand der Bergbauausrüstung mitbestimmt.

Dieses Buch ist zweifellos Agricolas Hauptwerk. Es ist vom heutigen Kenntnisstand aus nicht frei von Irrtümern. Doch zeichnet es sich vor allem dadurch aus, daß idealistische Träumerei, alchimistische Zauberei und religiöse Verbrämung in Agricolas Büchern keinen Platz fanden.

Georgius Agricolas Kenntnisse über den Bergbau und die Geologie waren Spezialwissen. Er hatte sich eingehender als die Gelehrten seiner Zeit mit dem Montanwesen beschäftigt. Für die meisten waren seine Erkenntnisse weder überprüfbar, noch war die wissenschaftliche Lösung der Probleme des Bergbau und Hüttenwesens ein aktuelles Bedürfnis. So war Agricola zwar schon zu Lebzeiten ein berühmter, geachteter und allgemein anerkannter Gelehrter sowie Humanist, war er einer der großen, die diese Zeit hervorbrachte und auch brauchte, doch wurden seine Beiträge zur Entstehung verschiedener Wissenschaftsdisziplinen erst in späteren Jahrhunderten aufgegriffen. Durch seine wissenschaftlichen Arbeiten über den Bergbau gilt er heute als Begründer der Montanwissenschaften.

Nach der Abgabe der "De re metallica" an den Froben-Verlag plante Agricola eine Überarbeitung seiner bis dahin erschienenen Werke. Das teilte er Georg Fabricius mit. Fabricius schrieb am 11. März 1553 an Wolfgang Meurer, es sind "... an die 30 Bücher, (die Agricola) bisher genannt hat, die er noch schreiben will ...". Gemeint sind damit die Überarbeitung des geologisch-mineralogischen Sammelbandes (22 Bücher), die 2. Auflage von "Die Entstehung der Stoffe im Erdinneren", 6 Bücher "Commentarii" sowie "De re metallica", alle in einem Band. Fabricius wollte Agricola dabei unterstützen und schrieb darüber an Meurer am 17. Januar 1555:

Georgius Agricola hat mir ziemlich viel Zeit geraubt, er verbessert jetzt die Bücher über die Dinge unter Tage, sie sollen mit dem Bergwerksbuch in einem Bande hinausgehen. Er hat öfter als zuvor wegen vieler Fragen an mich geschrieben, die wir im gegenseitigen Austausch behandelt haben [83].

Die Bücher erschienen zwar nicht in einem Band, aber ihre Veröffentlichung im Jahr 1558 ist noch Agricolas Werk.
Agricola widmete sich nach der Abgabe der "De re metallica" an den Verlag einem ganz anderen wissenschaftlichen Bereich: der Medizin. Er schrieb ein medizinisches Buch mit dem Titel "De peste" (Die Pest). Der Anlaß ist sicherlich in den Anfang der 50er Jahre aufgetretenen Pestseuchen zu sehen. Die Krankheit, auch als der "Schwarze Tod" bezeichnet, forderte 1552 und 1553 in Kursachsen sehr viele Menschenleben, so in Meißen 200, in Freiberg 2500 Personen. Auch Agricolas Freund Johann Rivius erkrankte in Meißen und verstarb 1553 [84]. Georg Fabricius schrieb am 11. März 1553 an Agricola und bat ihn, wenn er etwas in Arbeit habe über die Pest und ihre Heilung, möge er es ihm mitteilen. Fabricius, der selbst vor der Pest von Meißen nach Großenhain (Kalkreuth) zu Georg von Kommerstadt geflohen war [85], besuchte Agricola

1553 in Chemnitz. Er berichtete seinem Freund Meurer am 18. April 1553, daß Agricola eifrig an einem neuen Buch über die Pest schreibe, das sowohl wegen der Methode als auch durch die Beispiele seine wissenschaftliche Leistung verrate [86].

Agricola hatte als Stadtarzt von Chemnitz in den Jahren 1534, 1535 und 1537 die verheerende Seuche in dieser Stadt erlebt [87]. Allein 1534 starben 842 Menschen trotz einiger von Agricola eingeleiteter Maßnahmen zur Eindämmung der Ansteckungsgefahr. So zeugen die hohen Posten an zusätzlichen finanziellen Mitteln in den Kämmerei-Rechnungen davon, daß in den Pestjahren für das Wegschaffen und die Verbrennung des Strohs aus infizierten Häusern und für Pulver zum Ausräuchern der Häuser sowie Kirchen gesorgt wurde.

Agricolas jahrelange Forschertätigkeit schloß auch Detailkenntnisse auf medizinisch-praktischen Gebieten ein. In seinem Buch über die Pest wertet er sie aus. Er nennt drei Arten der Pest, die sich im Krankenbild und Krankheitsverlauf einschließlich der Ansteckung unterscheiden. Desweiteren bekennt er sich klar zur Übertragbarkeit der Pest durch Reisende, gibt Erklärungen für ihre Ausbreitung durch "verpestete" Luft, infizierte Kleidung, Wäsche, Betten, Nahrung und Fäulnis, und auch Hinweise, "... auf welche Weise wir uns gegen diese Übel schützen können" [88]. Befremdend muten allerdings einige Heilmittel an, die Agricola gegen die Pest empfiehlt. So führt er die Türken an, die behaupten würden, Lemnische Erden schützen vor der Pest und heilen die Befallenen, wenn sie "im Gewicht von einen Denar (3,5 g) in Wein getrunken..." wird. Er nennt weiter den

Smaragd; die Araber behaupten, er habe nicht nur bei Giften große Wirkung, sondern auch bei Pest. 8 Gramm davon werden ebenfalls in Wein gegeben. Weiter der Bernstein, dessen Natur die Deutschen erkannt haben. Er wird zu Pulver gerieben und das Gewicht eines Denars davon in Wein genommen.

Auch Pflanzen empfiehlt Agricola:

Unter diese Heilmittel gehören die Wurzeln der Schwalbenwurz, des Smyrniums, der schwarzen Mastixdistel, die Mohrrübe, des wildwachsenden Borstengrases, ... des Pestwurzes, des Fünffingerkrautes, des babylonischen Cypergrases, der Zitwerwurzel und des einheimischen Diptams. Diese Wurzeln sind allen bei Pest heilsam mit anderen zusammen in Pulverform; für sich werden sie im Gewicht eines Victoriatus (2,7 g) *gegeben im Winter in Wein, im Sommer in Wein, der mit Rosenwasser gemischt ist ...* [89]

Mit diesem Buch über die Pest greift Agricola in den Mitte des 16. Jahrhunderts unter den Medizinern ausgebrochenen Meinungsstreit über die Ansteckbarkeit von Krankheiten ein. Er verweist besonders auf den Zusammenhang zwischen Getreidelagerung und Auftreten der Pest hin. Den eigentlichen Überträger des Pestbazillus, die Ratte, erkannte Agricola noch nicht (sie ist Wirt des Rattenflohs, der in seinem Magen bis zu 5000 Pestbazillen aufnehmen kann, auch den Menschen anfällt und durch seinen Biß die Pest überträgt). Doch gebührt Agricola das Verdienst, auf die Sauberkeit bei der Lagerung von Lebensmitteln verwiesen zu haben. Die eigenen wissenschaftlichen Erkenntnisse über die Ansteckungsgefahr der Pest setzte Agricola in den Pestjahren 1552/53 in Chemnitz um: Er isolierte die pestverdächtigen Personen durch die Errichtung eines "Lazarettes", wie er es in Venedig kennengelernt hatte. Das erklärt, daß diese Jahre, die in Sachsen so viele Menschenleben forderten, in Chemnitz nicht als "Pestjahre" verzeichnet sind. "Die Pest" erschien erst 1554 im Froben-Verlag zu Basel.

Im Jahre 1553 mußte Georgius Agricola wieder das Bürgermeisteramt übernehmen. Das wird, wie Georg Fabricius am 11. Mai 1553 aus Kalkreuth an Wolfgang Meurer in Leipzig schrieb, "ein Hemmnis für seine Studien sein, das bedaure ich sehr" [90]. Es war nun bereits das vierte Mal, daß Agricola dieses Amt mit dem Ansitzen des Rates am 20. April 1553 übernehmen mußte. Bereits zwei Jahre zuvor, 1551, hatte er es ebenfalls auf Befehl des Kurfürsten Moritz übernehmen müssen (Ansitzen am 16. April 1551), obgleich eigentlich Hans Heintz und 1553 Merten Hobler vom Chemnitzer Rat als Bürgermeister gewählt worden waren. Der Kurfürst durfte als Landesherr so willkürlich in Belange einer Stadt eingreifen, weil er jeweils nach der Wahl des Rates diesen für ein Jahr bestätigen mußte. Dabei nahm er auch Umbesetzungen vor. Welche Aufgaben der Kurfürst Georgius Agricola mit dem Bürgermeisteramt zusätzlich übertrug, ist nicht bekannt.

In diesen Jahren war die politische wie diplomatische Lage im Kurfürstentum Sachsen wiederum sehr angespannt. Kurfürst Moritz hatte aus der diplomatischen Misere des Schmalkaldischen Krieges und des Bündnisses mit Kaiser Karl V. gelernt. Mit der gleichen Bedenkenlosigkeit wie dieser brachte Moritz 1551 mit französischen Hilfsgeldern und ein Jahr zuvor mit einer Kreditaufnahme von über 80 000 Gulden bei dem Augsburger Händler und Ratsherrn Georg Österreicher [91] einen Fürstenbund gegen den Kaiser zustande. Mit der Erstürmung der Ehrenburger Klause brachte er den Kaiser auf dem Marsch nach Tirol im Mai 1552 in arge Bedrängnis. Der daraufhin im August 1552 in Passau abgeschlossene Vertrag stellte das Gleichgewicht der politischen Kräfte in

Europa wieder her. Das "Interim" wurde aufgehoben und die protestantischen Fürsten Johann Friedrich von Sachsen und Philipp von Hessen aus der Gefangenschaft entlassen. Auch wenn der Passauer Vertrag nie Gesetzeskraft erlangte, galt Moritz doch als Retter des Protestantismus. Das brachte seinem Namen im eigenen Land wieder Ansehen.

Moritz griff nochmals in die Kriegshandlungen auf deutschem Gebiet ein: Als der Markgraf Albrecht Alciabiades von Brandenburg-Kulmbach durch verheerende Vorstöße in andere Landesteile sein Territorium vergrößern wollte, versuchten Moritz und die mit ihm Verbündeten, Herzog Heinrich von Braunschweig und König Ferdinand, mit ihren Truppen den Vormarsch nach Norddeutschland zu stoppen. Am 9. Juli 1553 kam es zur Schlacht bei Sievershausen (zwischen Braunschweig und Hannover). Kurfürst Moritz siegte, wurde aber durch die Kugel einer Faustbüchse, die seine Rüstung durchschlug und ihn im Rücken traf, so schwer verletzt, daß er am 11. Juli 1553 an seiner Verletzungen verstarb [92]. Er wurde nach Freiberg übergeführt und am 22. Juli 1553 dort im Dom am Untermarkt beigesetzt. Sein Bruder August trat seine Nachfolge als Kurfürst von Sachsen an.

Die Konfessionsfragen, die in dieser kriegerischen Zeit beim Zustandekommen der widersprüchlichen Verträge immer eine Rolle gespielt hatten, wurden erst durch den Augsburger Religionsfrieden vom 25. September 1555 beigelegt. Das bedeutete den endgültigen Verzicht der römisch-katholischen Kirche auf die Wiederherstellung ihrer Alleinherrschaft, brachte die Gleichberechtigung von Katholiken und Protestanten und förderte den Ausbau der weltlichen Territorialstaaten, ebnete aber auch der Gegenreformation den Weg. Seit diesem Jahr 1555 war der Landesherr zugleich der oberste Kirchenvertreter seines Landes.

Agricola hat nicht, wie die meisten seiner Freunde, den Glauben gewechselt: Er ist immer ein überzeugter Katholik geblieben. Das könnte der Grund für den Kurfürsten gewesen sein, ihn als Vermittler in Religionsfragen einzusetzen bzw. bei wichtigen Entscheidungen hinzuzuziehen.

Agricola war Zeit seines Lebens ein Verfechter des Friedens. Besonders Anfang der 50er Jahre häufen sich in Widmungsbriefen zu seinen Werken Friedensappelle an die Fürsten. Agricola machte darauf aufmerksam, daß er in den Meinungsverschiedenheiten der Fürsten zu religiösen Fragen ein Grundübel für die Kriege sieht.

Über Agricolas Charakter, seine Lebensauffassungen und Einstellungen zu den verschiedensten Problemen in Politik, Wirtschaft, Kommune und Familie kann man aus seinen Büchern und Briefen viel entnehmen. Aus ihnen geht hervor, daß er sehr zielstrebig verschiedene wissenschaftliche Aufgabenstellungen

untersucht hat und seine Freunde und Bekannten ihm dabei eine große Hilfe waren. Genauso hilfsbereit hat er sich anderen gegenüber verhalten. Doch er konnte auch konsequent handeln, wenn ihm ein Unrecht zugefügt wurde. Aus dem Jahr 1553, in dem Agricola wieder Bürgermeister war, ist ein heftiger Streit zwischen ihm und dem Chemnitzer Stadtvoigt, dem Tuchmacher und Ratsherrn Paul Neefe, bezeugt. Der Anlaß ist zwar nicht bekannt, doch die Anordnungen des Chemnitzer Rates vom Dezember 1553 sind recht aufschlußreich. Der Rat mußte zur Schlichtung eingreifen, um den Streit "... ganz und gar aufzuheben und zu vergessen ...". Beiden wurde sogar eine Strafe von 30 Schock angedroht, wenn der Streit wieder ausbräche. Außerdem würde dann der Urheber bis zur Zahlung der Summe dem Rate fernzubleiben haben [93].
Agricola war viermal Bürgermeister der Stadt Chemnitz [94], [95], [96], [97]. Die Amtsperiode umfaßte jeweils ein Jahr von April/Mai jeden Jahres bis zum folgenden. Durch dieses Amt hatte er an den Sitzungen des sächsischen Landtages teilzunehmen [98]. So stimmte Agricola als Bürgermeister vom 21. bis 29. August 1553 der Erhebung von Steuern zu [99]. Darüber hinaus vertrat er zusammen mit dem gewählten Bürgermeister die Stadt fünfmal auf den Sitzungen des Landtages. Er war bei der Verhandlung über das "Leipziger Interim" [100]. In Torgau war er vom 28. Oktober bis 19. November 1550, als Kurfürst Moritz die Zustimmung der Abgeordneten des Landtages für die Durchführung der Reichsacht gegen die Stadt Magdeburg - mit der er vom Kaiser Karl V. am 27. Juli 1547 beauftragt war - erreichen wollte [101]. Dann bei einer Beratung des Landtages in Torgau über von Kurfürst Moritz geforderte Steuern vom 3. Januar bis 10. Februar 1551. Ostern 1554 weilte er in Dresden, als der neue Kurfürst von Sachsen, August, den ersten Landtag in seiner Regierungszeit einberief [102]. Letztmalig war er vom 4. bis 7. April 1555 nochmals in Torgau bei Beratungen über Steuern [103].
Über die Entwicklung von Agricolas Vermögensverhältnisse geben die Erhebungen für die Türkensteuer der Jahre 1542, 1551 und 1557 Auskunft. In den Jahren der "akuten" Türkengefahr, in denen auch der Landesfürst Moritz an den Kriegszügen gegen die Türken teilnahm [104], wurde diese Steuer von allen Bürgern erhoben. Es war eine Vermögens-, Kopf- und Einkommenssteuer, die auf Angaben der Bürger beruhte, jedoch nicht die persönlichen Wertgegenstände wie Schmuck, Hausrat, Handwerksstätten, Reitpferde usw. erfaßte. Danach besaß Agricola 1542 ein Vermögen von 2 300 Gulden (alle 4000 bis 4300 Bürger der Stadt zusammen 189 346 Gulden [105]). Damit steht Agricola an 7. Stelle der Bürger, die mehr als 1 000 Gulden Vermögen angaben. Im Jahre 1551 gab er 8 062 Gulden an und war danach der drittreichste Bürger von Chemnitz. Im Jahre 1557 gaben seine Erben 5 666 Gulden an. Das Vermögen ist zwar in

absoluter Höhe rückläufig, aber die Erben Agricolas zählten noch immer zu den reichsten Bürgern von Chemnitz.
Auf Agricolas Einnahmen aus dem Bergbau, die sich nicht nachweisen lassen, wurde schon verwiesen. Die Amtsbesoldung als Stadtarzt mit knapp 12 Schock/ Jahr war nicht hoch. Ebenso dürften weder die Einnahmen von jährlich 10 Gulden aus seiner 1546 bis 1551 nebenbei ausgeübten Tätigkeit als Schulinspektor noch die Entschädigung für die Teilnahme am Schmalkaldischen Krieg in Höhe von "4 Schock 15 Groschen 3 Pfennig" [106] sein Vermögen bedeutend erhöht haben. Auch der Hinweis im Widmungsschreiben zu seinem Werk "De natura eorum ..." vom 24. Oktober 1545 darf, wie seine Vermögensentwicklung für die Jahre 1542 bis 1551 zeigt, nicht gar so wörtlich genommen werden:

Während ich mich nämlich mit ganzer geistiger Kraft eifriger auf diese Studien (die mineralogisch-geologischen Bücher) *warf, habe ich die Sorge für meinen Privatbesitz beiseite gelassen, den ich auf anständige Weise erheblich hätte vermehren können, wenn ich Reichtum oder gar Ansehen höher geachtet hätte als die Erkenntnis noch verborgener Dinge und die Betrachtung der Natur ...* [107].

Im gleichen Widmungsschreiben erwähnt Georgius Agricola "ein Jahresgeld", das ihm vom Landesherrn bewilligt wurde. Das könnte auf eine Empfehlung seines Freundes, des herzoglichen Rates Georg von Kommerstadt zurückgehen, denn in einem Widmungsschreiben vom 7. März 1546 bedankt sich Agricola bei ihm für die Gewährung eines "Jahresgeldes" [108]. Über Zahlungszeitraum und Höhe ist nichts bekannt geworden. Es wird Agricolas finanzielle Lage ergänzt, aber sicherlich nicht seinen Reichtum begründet haben.
Im Jahre 1554 erarbeitete Agricola erneut ein Manuskript auf völlig anderem Gebiet. Georg Fabricius erwähnt in einem Schreiben vom 28. Oktober 1554 an Wolfgang Meurer, daß Agricola jetzt die Genealogie unserer Fürsten zusammenstellt, für die er 200 Thaler bekommt [109]. Dieses Werk die "Sippschaft des Hauses zu Sachsen", das er nach dem am 8. August 1555 geschriebenen Widmungsschreiben an Kurfürst August Mitte des Jahres 1555 abgeben mußte, ist in deutscher Sprache abgefaßt. Es stellt nüchtern und sachlich kühl die Familiengeschichte des Wettiner Herrscherhauses dar. Es muß als ein unvollendet gebliebenes Werk Agricolas angesehen werden.
Im Oktober 1555 erkrankte Georgius Agricola. (Er) "leidet heftig an Wechselfieber", schrieb Fabricius am 28. Oktober 1555 seinem Bruder Andreas [110]. Von dieser Krankheit erholte sich Agricola nicht wieder. Er verstarb am 21. November 1555 in Chemnitz.
Nach altem städtischem Brauch stand dem Bürgermeister Georgius Agricola die feierliche Beisetzung in der Hauptkirche St. Jakob zu. Doch Georgius

Agricola war Katholik, diese Kirche aber evangelisch. Darum wandte sich der Hauptpfarrer Superintendent Tettelbach an den obersten Kirchenvertreter Sachsens, an Kurfürst August. Dieser verbot die Beisetzung. Tettelbach unterrichtete nach dem Erhalt der Nachricht sofort Agricolas Freunde. Trauer um den Verstorbenen und Empörung über das Verbot veranlaßte diese zu schnellem Handeln. So sandten sie im Einvernehmen mit den Hinterbliebenen einen Eilboten nach Zeitz zum Bischof Julius von Pflug. Er war sofort bereit, seinem Freund im Dom zu Zeitz die letzte Ruhestätte zu gewähren. Agricolas sterbliche Reste wurde daher am 25. November von Chemnitz über Penig nach Zeitz übergeführt und dort feierlich im Dom beigesetzt. Seine Frau Anna ließ in der Nähe der Grabstelle "an der Wand der Kirchenseiten nach Mitternacht seitenhalben der Obertür" eine Messingtafel anbringen. Die lateinische Inschrift lautet übersetzt [111]:

Dem Arzte und Bürgermeister von Chemnitz: Georgius Agricola, einem durch Frömmigkeit und Gelehrsamkeit ausgezeichneten Manne, der sich um seine Stadt verdient gemacht hat, dessen hinterlassene Schriften ihm unsterblichen Ruhm verheißen, dessen Geist Christus in sein ewiges Reich aufnahm. Seine trauernde Gattin und Kinder.
Er starb im 62. Lebensjahr am 21. November 1555 und war geboren in Glauchau am 24. März 1494.

Die Tafel wurde im 17. Jahrhundert aus dem Dom entfernt. Der Text ist jedoch in einer zeitgenössischen Zeitzer Chronik festgehalten. An gleicher Stelle wurde später von Verehrern des großen Gelehrten eine Gedenktafel angebracht, die noch heute zu sehen ist. Seine Kinder waren der Sohn Valerius (geb. 1545) und die Töchter Lucretia (geb. 1547) und Anna (geb. 1552).
Verständlicherweise erregte die Verweigerung der Beerdigung des berühmten Chemnitzer Gelehrten und Humanisten viel Aufsehen. Georg Fabricius teilte Philipp Melanchthon am 8. Dezember 1555 Agricolas Ableben mit. Er vergleicht in seinem Brief die Toleranz Melanchthons in religiösen Fragen mit der Handlungsweise des Kurfürsten August:

Wir haben am 21. November die ausgezeichnete Zierde unseres Vaterlandes, Georg Agricola, verloren, diesen Mann von hervorragendem Geist, von Bildung und Urteil. Er hat nur das 62. Jahr seines Lebens erreicht. Von Kindheit an bei fester Gesundheit hat ihn ein Wechselfieber dahingerafft, er hat nie zuvor an einer Krankheit gelitten, außer an einer Entzündung der Augen, die er sich durch unermüdliches Studieren und durch seinen unersättlichen Lesehunger zugezogen hatte. Ich empfinde es schmerzlich, daß er seine Bücher nicht vollendet hat ...

Weiter schreibt er und geht dabei auf Agricolas Glaubenszugehörigkeit ein:

Ich weiß, Ihr habt das Genie dieses Mannes hoch geschätzt, wenn er auch in seinen Anschauungen weit von Euch getrennt war, zumal in Fragen der Religion und des Heils der Seelen. Denn er lehnte unsere Kirche ab und wollte nicht mit uns in der Gemeinschaft des Blutes Christi leben. Deshalb ist ihm, als er gestorben war, durch eine Anweisung des Kurfürsten, die er den Kircheninspektoren gegeben und die Tettelbach als treuer Diener ausgeführt hat, die Beisetzung verweigert worden, und er wurde erst vier Tage später nach Zeitz gebracht und dort in der bischöflichen Kirche begraben...

Fabricius würdigt Agricola in überschwenglichen Worten und kommt doch immer wieder auf dessen Festhalten am katholischen Glauben zurück:

Gestaunt habe ich immer über das außerordentliche Genie des Mannes in unserer Wissenschaft und in der gesamten Philosophie, gestaunt habe ich aber viel mehr über seine religiösen Meinungen, sie stimmen zwar mit dem Verstand überein und blenden, aber sie waren in keiner Weise wahr, wenn wahr ist, was in den Schriften der Apostel überliefert ist. Denn er pflegte Gespräche zu führen über Traditionen, von denen in der Schrift nichts steht, nicht weniger jedoch pflegte er über die Kirche, über den Gebrauch der Sakramente und über die Bedeutung des Predigtamtes nach nicht schriftgemäßen Gesichtspunkten zu urteilen. Wie er aber bei Auseinandersetzungen über die Philosophie alle gelassen anzuhören pflegte, so konnte er niemanden mit Geduld ertragen, der sich bei Gesprächen über Dinge der Religion gegen ihn wandte. [112]

Agricola gehörte zum Kreis der großen Gelehrten und Humanisten, die "... aus dem Geist der echten Toleranz gelebt und geschöpft hatten. Erasmus und Melanchthon, Mosellanus und Agricola, Sebastian Münster und Thomas Morus gehörten zu den Führenden in diesem Kreis, als deren letzter Julius von Pflug 1564 starb... Die große Partei des Ausgleichs und der Mitte, die echte Versöhnung um der Einheit willen suchten, war zerfallen. Die extremen Richtungen ... siegten... "[113].

Der Augsburger Religionsfrieden von 1555 brachte dem Volk keinesfalls die religiöse Unabhängigkeit und den erhofften Frieden. Das bringt auch ein Brief des kaiserlichen Leibarztes Petrus Matthiolus aus Prag an den Theologen Dr. Kaspar Neefe in Leipzig vom 25. März 1556 zum Ausdruck:

Ich höre, der hochgelehrte Agricola, der bedeutende Mann, der in der Erforschung der Geschichte der Metalle in diesem Zeitalter vor anderen hervorragt, ist bereits gestorben, was mir tatsächlich viel Beschwernis gebracht hat, da ich mir vorgenommen hatte, in diesem Sommer von den Bergwerken hier weg einen Abstecher zu machen. Die Beschwernis verstärkte überdies, was ich von Nemicus (Professor der Mathematik in Prag) *gehört habe, daß der so berühmte edle alte Mann, der seinem Vaterlande so viel Glanz gebracht hat, dort nicht so viel Erdboden gefunden hat, seine Leiche damit zu decken.*

Er macht seiner Empörung Luft und schreibt weiter:

Ihr sterblichen Götter! Ist das der Brauch in einem christlichen Lande? Ist das jene christliche Liebe, zu der sich jetzt fast das gesamte Deutschland bekennt? Ich weiß wahrhaftig nicht, was ich sagen soll - nur, daß allenthalben bereits alles voll ist von List und Feindschaft und, wo die sind, Christus nicht ist. Die Wut hat mich gezwungen, so zu schreiben - es ist doch ganz unmenschlich, solche schändliches Taten zu begehen gegen edle Gelehrte, und gar, wo nicht gegen sie als Lebende, sondern gegen ihre Leichen so niedrige Rache geübt wird ...[114]

In Chemnitz verbrachte Agricola 24 Jahre seines Lebens. Hier war er Stadtrat, Bürgermeister, hatte er die meisten Bücher geschrieben; von hier aus breitete sich sein Ruf als Gelehrter und Humanist aus. Hier hatte er Freunde, doch auch so manchen Feind.
Aus den Wirren um die Beerdigung Agricolas ist auch die Weigerung seiner Frau zur Herausgabe seines Nachlasses verständlich. Selbst Georg Fabricius wurde abgewiesen. Nur das unvollendete Buch "Über die Schifferfäule" mußte sie im Frühjahr 1556 an ihn durch ein Mandat des Kurfürsten August aushändigen. Er bemühte sich vergeblich um die Veröffentlichung. Das Werk gilt als verschollen [115].
Den Mühen von Georg Fabricius ist es zu danken, daß einige Briefe von Agricola erhalten sind, die noch heute eine wesentliche Quelle für die Nachzeichnung von Agricolas Lebensweg sind. Er schrieb am 27. April 1557 an die Wittenberger Professoren Paulus Eber und den Schwiegersohn von Philipp Melanchthon, Kaspar Peucer, daß die Erben ihm auf Anweisung des Kurfürsten August manches gezeigt hätten, vieles wäre sicherlich schlecht verwahrt. Doch wolle er die alle Briefe zusammenstellen, die "... er an mich geschrieben hat...". An Wolfgang Meuer habe er schon geschrieben, und dieser "... hat mir die an ihn gerichteten zugängig gemacht." Weiter schreibt er:

Ich weiß wohl, daß er mit Euch beiden in ständigem Briefwechsel gestanden hat. Wenn sich daher in Euren Bibliotheken etwas von Briefen der Art findet, worin er Stellen von Autoren erklärt oder seine Ansicht auseinandersetzt oder schließlich um Euer Urteil ersucht, so bitte ich Euch bei unserer Freundschaft und dem Andenken des verstorbenen Freundes herzlich, mir es als Beitrag zu dem Briefband mitzuteilen...[116]

Wolfgang Meurer stellte ihm 37 Briefe mit wissenschaftlichem Inhalt zur Verfügung.
Nur wenige Briefe sind heute noch erhalten und 1993 als Band IX der Gedenkausgabe "Georgius Agricola - ausgewählte Werke" erschienen. Die Briefsammlung von Georg Fabricius ging verloren.
Im Februar oder März 1556 beauftragte Kurfürst August Georg Fabricius mit der weiteren Bearbeitung von Agricola Werkes "Über die Sippschaft ..." . Darüber schreibt Fabricius am 9. März 1556 an Meurer:

Die Sippschaft des Hauses Sachsen, die Agricola angefangen hat, soll ich übersetzen (denn sie ist deutsch geschrieben) *und ergänzen. Ich bin durch einen Befehl des Erlauchten Kurfürsten aufgefordert worden. Ich will es versuchen und mich bemühen , dieses Werk, soweit ich kann, zu Ende führen ...*[117].

Als Georg Fabricius im Jahre 1571 im Alter von 55 Jahren verstarb, waren Ergänzung und Überarbeitung des Werkes noch nicht abgeschlossen. Erst sein Sohn Jacob gab es 1597 an Kurfürst August zurück. Es wurde von Nikolaus Reusner unter dem Titel "Origines stirpes Saxonicae" in Jena herausgegeben [118]. Das Erscheinen seiner 12 Bücher über den Bergbau "De re metallica" hat Agricola nicht mehr erlebt. Sie wurden im Frühjahr 1556 veröffentlicht. Das Werk war sehr schnell vergriffen, und bereits ein Jahr später gab der Baseler Professor Philipp Bech eine deutschsprachige Fassung heraus [119]. Bech, der selber Arzt und Bergbaukenner war und die sächsischen Bergreviere durch eigene Reisen kennengelernt hatte, legte eine sachkundige Bearbeitung von Agricolas Buch vor [120]. Doch der Verkauf des Werkes wurde ein glatter Mißerfolg. Hingegen war die Nachfrage nach der lateinischen Schrift sehr groß: sie wurde bereits 1561 erneut verlegt.

Abb. 21: **Marktplatz mit Rathaus**
Am Rathaus (Wiederaufbau nach dem II. Weltkrieg) wurde 1955 eine Gedenktafel für den Bürgermeister Georgius Agricola angebracht.

Abb. 22: **Gedenktafel am Rathaus**

Abb. 23: **Stadtkirche St. Jacobi**
Älteste Kirche der Stadt, urkundlich erstmals 1524 erwähnt. Sie wird auch als Stadt-, Pfarr- oder Marktkirche bezeichnet. In der Nähe dieser Kirche wohnte Georgius Agricola. Die Bestattung in der Jakobi-Kirche wurde ihm versagt.

Abb. 24: **Kreuzgang der Stadtkirche St. Jakobi**
Nach Stadtbränden von 1389 und 1395 wurde die romanische Anlage der Kirche bereits Ende des 14. Jahrhunderts durch gotische Bauelemente ergänzt. In den Kreuzgewölben fallen als Besonderheit Schlußsteine mit Tiermotiven auf.
Rechts auf dem Foto die innere Klostergasse, die zum Franziskanerkloster führte.

Abb. 25: **Schloßbergmuseum**
Restaurierter Teil des ehemaligen Benediktiner-Klosters auf dem Schloßberg. Seit 1930/31 Museum der Stadt Chemnitz.

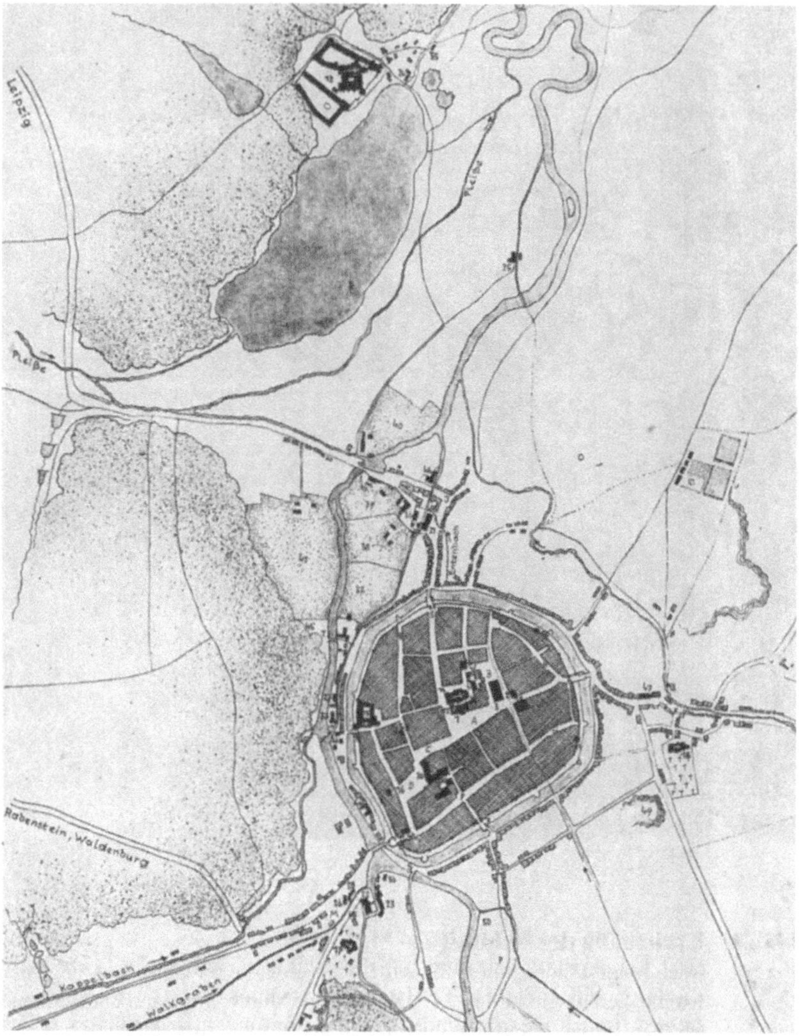

Abb. 26: **Lageplan „Chemnitz 1470 bis 1630“** (Ausschnitt)
Im Zentrum des Planes die mittelalterliche Stadt mit Stadtbefestigung und Stadtgraben. Im Norden der Stadt das Benediktiner-Kloster auf dem Schloßberg.
(Aus: Richter, H.: Beiträge zur Heimatgeschichte von Karl-Marx-Stadt, Heft 7, Anlage V, Karl-Marx-Stadt 1958)

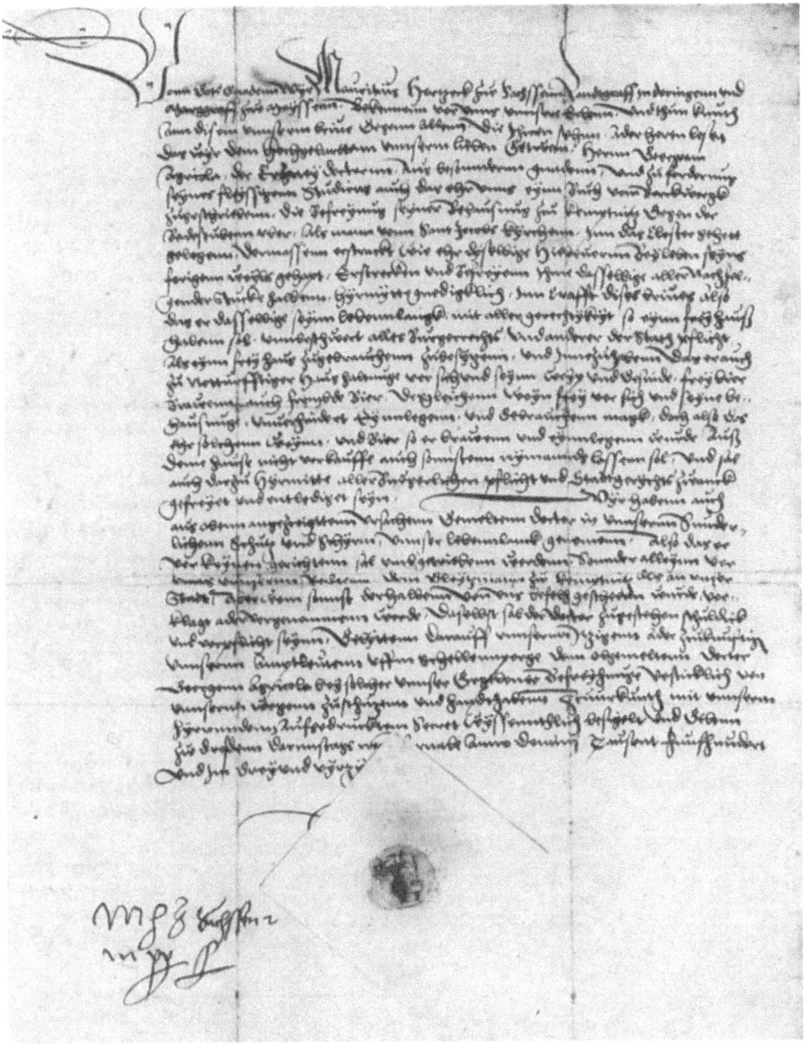

Abb. 27: **Freihaus - Urkunde**

Am 14. Juli 1543 stellte Herzog Moritz von Sachsen für Georgius Agricola eine Freihaus - Urkunde aus, die der Verleihung eines Adelstitels gleichkam.

(Stadtarchiv Chemnitz, Urkunden-Rep. Nr. 87b.79)

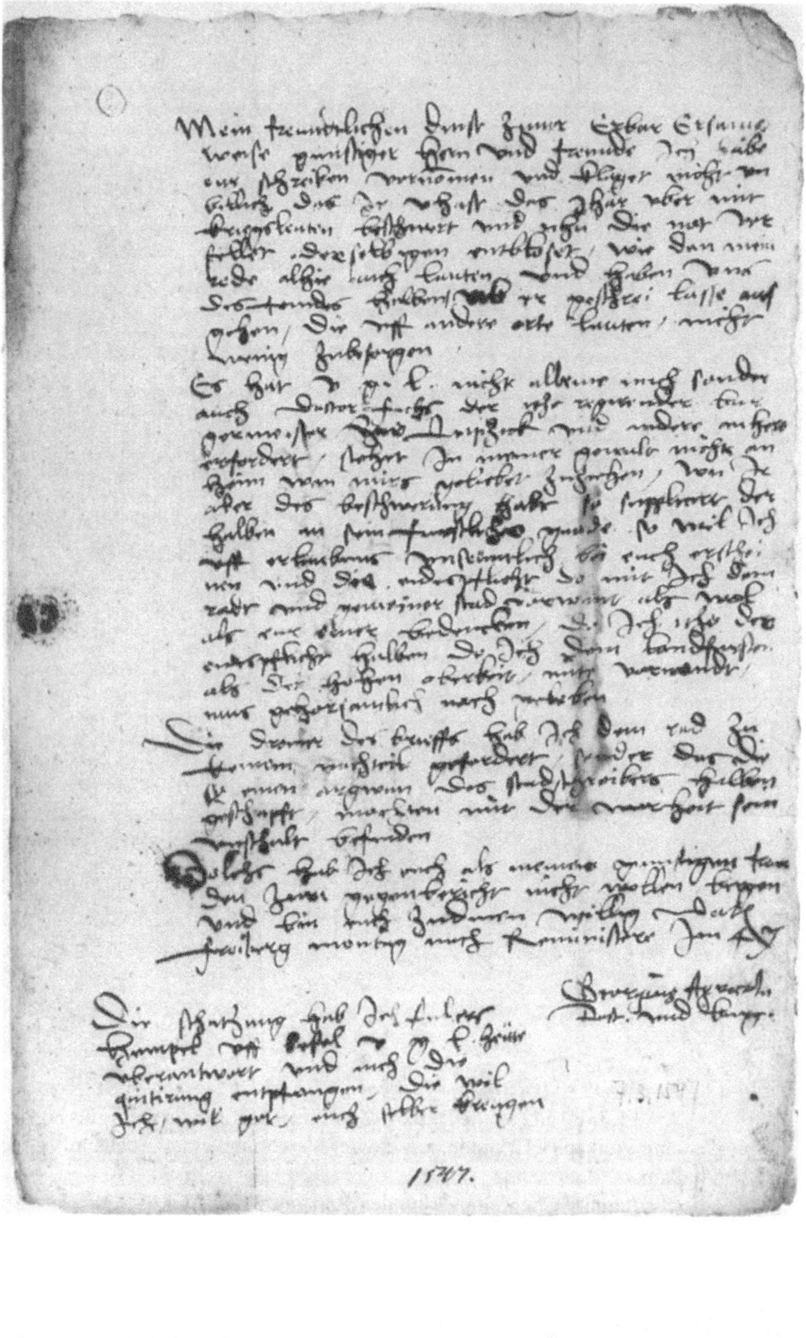

1507.

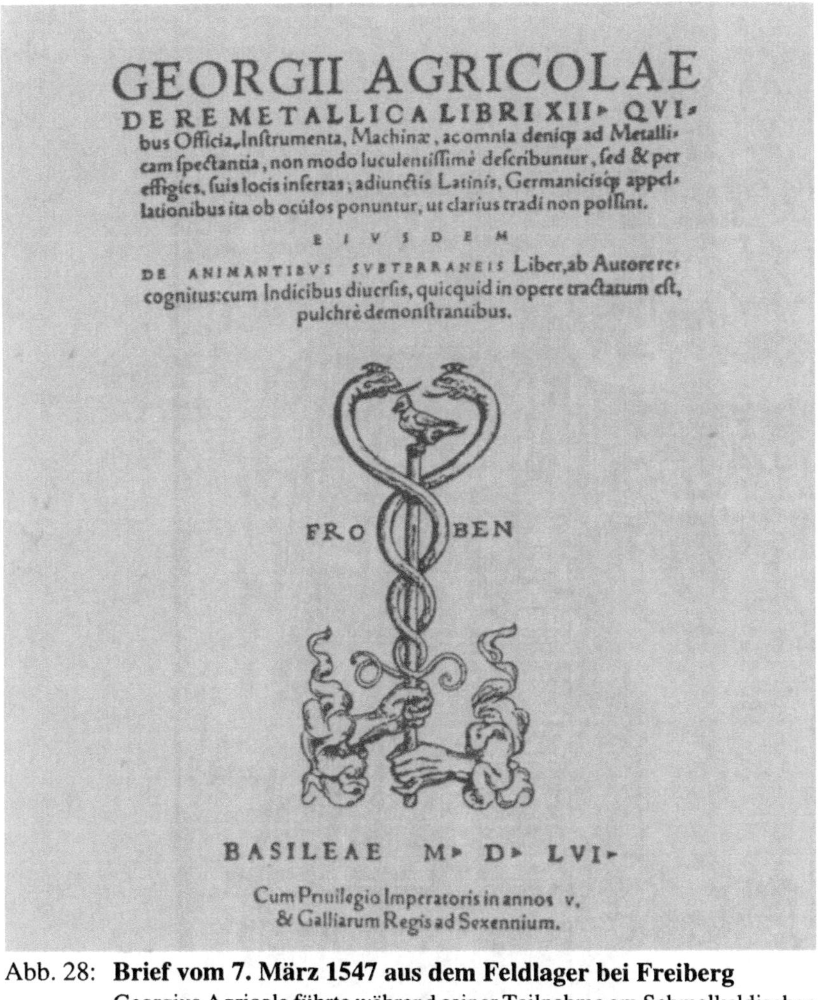

GEORGII AGRICOLAE
DE RE METALLICA LIBRI XII. QVIbus Officia, Instrumenta, Machinæ, ac omnia deniq; ad Metallicam spectantia, non modo luculentissimè describuntur, sed & per effigies, suis locis insertas; adiunctis Latinis, Germanicisq; appellationibus ita ob oculos ponuntur, ut clarius tradi non possint.

EIVSDEM

DE ANIMANTIBVS SVBTERRANEIS Liber, ab Autore recognitus: cum Indicibus diuersis, quicquid in opere tractatum est, pulchrè demonstrantibus.

FRO BEN

BASILEAE M. D. LVI.

Cum Priuilegio Imperatoris in annos v.
& Galliarum Regis ad Sexennium.

Abb. 28: **Brief vom 7. März 1547 aus dem Feldlager bei Freiberg**
Georgius Agricola führte während seiner Teilnahme am Schmalkaldischen Krieg mit dem Rat der Stadt Chemnitz einen regen Briefwechsel.
(Stadtarchiv Chemnitz VII 1b. Nr. 7)

Abb. 29: **Titelblatt des Hauptwerkes „De re metallica" von 1556**
Im Jahre 1556, wenige Monate nach seinem Tod, erschien das Hauptwerk von Georgius Agricola im Verlag Froben Basel.
(Aus: Georgius Agricola - ausgewählte Werke, Berlin 1955 Bd. I)

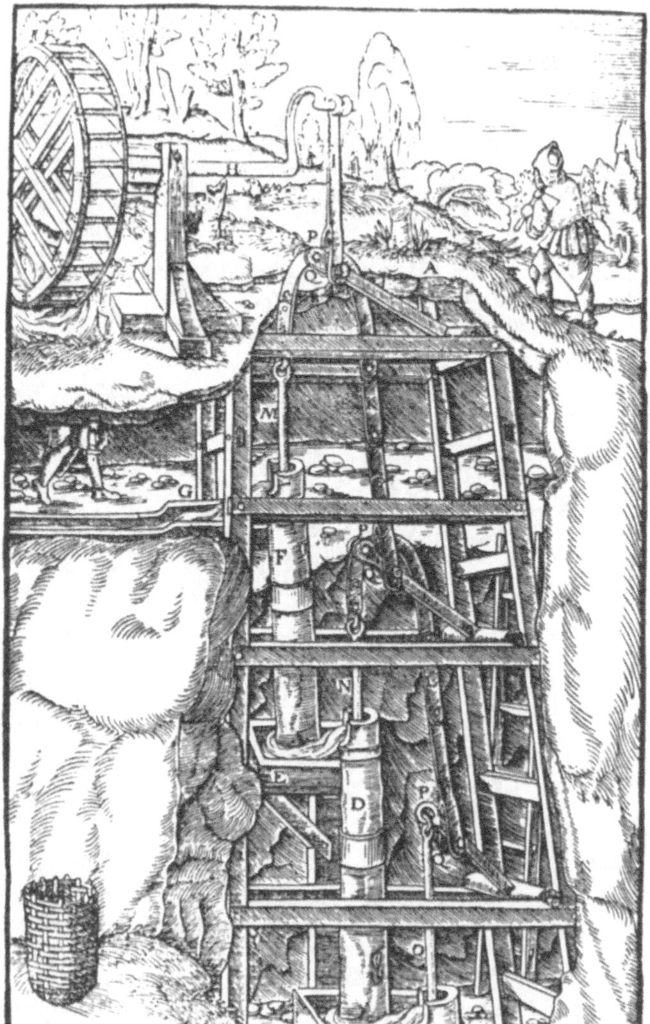

Abb. 30: **Ehrenfriedersdorfer Pumpe**
Mit solchen Pumpensystemen wurde das zulaufende Wasser aus den Grubenbauen gepumpt.
(Holzschnitt aus Georgius Agricolas Werk „De re metallica“)

Abb. 31: **Die Arbeit der Bergleute unter Tage**
(Holzschnitt aus Georgius Agricolas Werk „De re metallica“)

Abb. 32: **Feuersetzen zum Lösen des Gesteins unter Tage**
Neben der wichtigsten bergmännischen Abbaumethode, der Arbeit mit Schlägel und Eisen vor Ort, wurde auch das Feuersetzen unter Tage praktiziert.
(Holzschnitt aus Georgius Agricolas Werk „De re metallica“)

Abb. 33: **Der Pferdegöpel**
Die Muskelkraft des Pferdes war eine der Energiequellen im Bergbau.
(Holzschnitt aus Georgius Agricolas Werk „De re metallica“)

Abb. 34: **Das Kehrrad**
Durch die Regulierung des Wasserzuflusses durch einen Bergmann konnten die Gefäße sowohl in den als auch aus dem Schacht gefördert werden. (Holzschnitt aus Georgius Agricolas Werk „De re metallica")

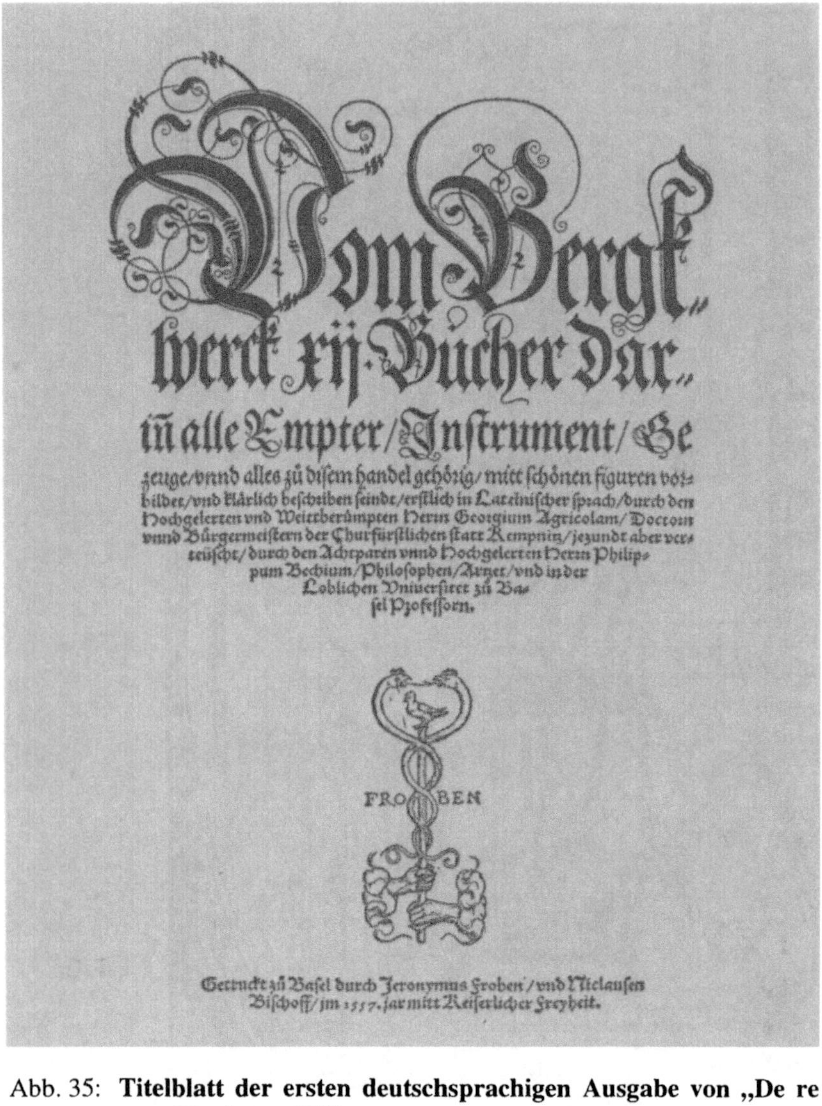
Vom Bergk werck xij. Bücher dar inn alle Empter/ Instrument/ Gezeuge/ vnnd alles zů disem handel gehörig/ mitt schönen figuren vorbildet/ vnd klärlich beschriben seindt/ erstlich in Lateinischer sprach/ durch den Hochgelerten vnd Weittberümpten Herrn Georgium Agricolam/ Doctorn vnnd Bürgermeistern der Churfürstlichen statt Kempnitz/ jetzundt aber verteütscht/ durch den Achtparen vnnd Hochgelerten Herrn Philippum Bechium/ Philosophen/ Artzet/ vnd in der Loblichen Vniuersitet zů Basel Professorn.

FROBEN

Getruckt zů Basel durch Jeronymus Froben/ vnd Niclausen Bischoff/ im 1557. jar mitt Keiserlicher Freyheit.

Abb. 35: **Titelblatt der ersten deutschsprachigen Ausgabe von „De re metallica“ von 1557**
Bereits ein Jahr nach dem Erscheinen des Hauptwerkes von Georgius Agricola veröffentlichte der Basler Philipp Bech eine sachkundige deutschsprachige Bearbeitung.

Chronologie

1485	26. August: Teilung der Markgrafschaft Sachsen in ein Kurfürstentum (Ernestinische Linie) und ein Herzogtum (Albertinische Linie).
1492	Wiederentdeckung Amerikas.
1494	24.März: Georg Pawer (Georgius Agricola) in Glauchau geboren.
1502	Gründung der Universität Wittenberg.
1505	Brand der Steinkohlenflöze in Planitz bei Zwickau. Beginn der Freundschaft von Georgius Agricola, Stephan Roth und Valentin Hertel.
1511	Agricola in Magdeburg.
1512	Ernst II. und Wolf I. von Schönburg übernehmen die Regentschaft in den Schönburgischen Gebieten.
1514	Sommersemester: Agricola besucht die Artistenfakultät der Leipziger Universität.
1515	4. September: Agricola legt den 2. akademischen Grad (baccalaureus artium) an Leipziger Universität ab und nennt sich ab jetzt Georgius Agricola.
1515/17	Beginn der Freundschaft von Agricola mit Petrus Mosellanus, Caspar Cruciger, Julius von Pflug, Johann Neefe (Naevius), Andreas Könneritz, Georg von Komerstadt, Joachim Camerarius.
1516	Graf Stephan I. von Schlick (zu Passau und auf Weisskirchen/Ungarn, Herr zu Elnbogen und Hartinberg/ Böhmen,sowie Besitzer der Herrschaft Schlackenwert/Böhmen), Burggraf Alexander zu Leisnig auf Penig (Besitzer der benachbarten Herrschaft Hauenstein/Böhmen), Wolf I. von Schönburg (Besitzer des benachbarten Gebietes Hartenstein und Graupen/ Böhmen),Hans Pflug (Herr zum Rabenstein und auf Petzschau in Böhmen) sowie Hans Hirnen (Thumbshirnn, ein reicher Bergbauender von Annaberg und Bürger von Ellnbogen) besuchen die Silbergrube bei Conradsgrün im Gebiet der Schlickschen Herrschaft bei Schlackenwert und beschließen, sich am Silberbergbau zu beteiligen. Gründung der Stadt Joachimsthal.
1517	Stephan Roth wird Schulmeister der Zwickauer Lateinschule. Sylvius Egranus nimmt eine Priesterstelle in Zwickau an. Dezember: Agricola wechselt an die Zwickauer Lateinschule als „supremus" (stellvertr. Schulmeister). 31. Oktober: Martin Luther versendet seine 95 Thesen aus Wittenberg. Beginn der Reformation.
1518	Agricola hält in Zwickau Vorträge über griechische Literatur. 29. August: Philipp Melanchthon fordert in seiner Antrittsrede in Wittenberg eine Änderung der Universitätsausbildung. 9. Dezember: Der Zwickauer Rat beschließt die Gründung einer Griechischschule.

18. Dezember: Agricola befestigt am Kunigundenaltar der Marienkirche in Zwickau ein Epigramm.

1519 12. Januar: Tod Kaiser Maximilian I.

18. Februar: Eröffnung der Griechischschule in Zwickau, Agricola wird Schulmeister.

Fastnacht: Schüler der Stadtschule führen im Schloß Osterstein zu Zwickau unter Agricolas Leitung eine griechische Komödie auf.

20. Februar: Anläßlich der Trauerfeierlichkeiten für den verstorbenen Kaiser befestigt Agricola ein Epigramm gegen den Ablaßhandel an der Tür der Marienkirche in Zwickau.

28. Juni: Karl V. tritt die Regierung nach der Wahl zum Kaiser (in Frankfurt) an.

Juli: Leipziger Disputation zwischen den Professoren Eck und Karlstadt. Martin Luther und Thomas Müntzer lernen sich kennen. Eröffnung der Disputation durch Petrus Mosellanus.

Sommer: Julius von Pflug besucht Agricola in Zwickau.

1520 6. Januar: Königl. Privileg (Böhmen) für Joachimsthal (freie Bergstadt).

Mai: Agricola hat sein pädagogisches Werk über die lateinische Grammitik fertiggestellt.

28. Juli: Agricola erhält die Zinsen aus dem Lehen Erasmi der Marienkirche zu Zwickau.

5. September: Thomas Müntzer wird laut Ratsbeschluß Prediger an der Zwickauer Katharinen-Kirche.

November: Vereinigung beider Zwickauer Schulen zur Zwickauer Stadtschule. Agricola wird Schulmeister.

Theophast von Hohenheim (Paracelsus) besucht von Leipzig kommend die brennenden Steinkohlenflöze in Zwickau mit Empfehlungsschreiben von Dr. Heinrich Stromer.

1521 21. März: Geburt von Herzog Moritz in Freiberg.

April: Dr. Stella, der Förderer der Stadtschulen und von Th. Müntzer, verstirbt in Zwickau. Müntzer wird vom Rat beurlaubt und verläßt am 14. April die Stadt.

8. April: Die vereinigte Zwickauer Stadtschule zieht in das Schulgebäude an der Marienkirche.

Herbst: Der Zwickauer Rat bemüht sich um einen Nachfolger für Agricola im Amt des Schulmeisters, Leonhard Nather wird gewonnen.

Reichstag zu Worms: Wormser Edikt.

Die Türken besetzen Belgrad und Teile Ungarns.

1522 6. Januar: Der Franziskaner Mönch Johannes Zeidler predigt in Zwickau anhand von Bibelauslegungen von Prof. Petrus Fontanus, Agricola antwortet mit dem „Fontanus-Brief“.

28. April: Luther predigt in Zwickau.

Walpurgis: Agricola geht nach Leipzig.
26. August: Der Zwickauer Rat vergibt das Lehen Erasmi weiterhin für drei Jahre an Agricola. Agricola erhält zugleich vom Rat den Auftrag zur Entzifferung der Inschrift auf dem „Römer-Kreuz".
Herbst: Agricola beginnt ein Studium in Italien (Bologna).
Luthers „Neues Testament" erscheint.
Die Schönburger Wolf I. und Ernst II. erhalten Herrschaft Hohenstein, Lohmen und Wehlen von Herzog Georg von Sachsen zum Lehen (erkauft von von Sahlhausen).

1523 November: Agricolas Studienfreund, der Chemnitzer Johann Neefe (Naevius) beginnt ein Studium in Italien an der Universität Bologna.
Die Schönburger Wolf I. und Ernst II. verkaufen gegen 15 000 Rhein. Gulden Herrschaft Graupen an Thimo von Colditz.

1523/24 Herbst: Agricola und Moritz von Hutten besuchen den päpstlichen Protonotar und wirklichen Geheimkämmerer des Papstes Jakob Questenberg in Rom (Hutten studierte in Padua).

1524 Frühjahr: Agricola wechselt von Bologna nach Venedig für zwei Jahre.

1525 24. Februar: Schlacht bei Pavia/Oberitalien (1. Krieg Karls V. gegen Franz I. von Frankreich).
Bauernkrieg in Deutschland.
5. Mai: Kurfürst Friedrich III. (der Weise) bei Torgau gestorben.
15. Mai: Schlacht bei Frankenhausen/Thür.: Ernst II. von Schönburg nimmt Thomas Müntzer gefangen.
Joachimsthaler Aufstand.
Bauernaufstand im Schönburgischen (Hartenstein).

1526 Agricola besucht Neapel, den Vesuv, Rom. Rückkehr nach Deutschland mit dem kaiserlichen Heer.
30. September: Agricola wieder in Zwckau bei seinem Bruder Franziscus, danach in Chemnitz. Heirat mit Anna, geb. Arnold, verw. Meyner.
Reichstag zu Speyer: Einschränkung des Wormser Edikts.
Schlacht bei Mohacs/Ungarn gegen die Türken.
22. Oktober: Ferdinand von Habsburg wird in Preßburg zum böhmischen König gewählt.
31. Juli: Geburt von Herzog August in Freiberg.
Silbererzfund am Fichtelberg (im Hartensteinschen Besitz der Schönburger).
Die Schönburger Wolf I. und Ernst II. gründen gemeinsam die Bergstadt Oberwiesenthal (gegründet als „Neustadt am Wiesenthal").

1526/27 Valentin Hertel verbringt den Winter bei Agricola in Chemnitz.

1527 Herbst: Agricola nimmt Stadtarzt- und -apothekerstelle in Joachimsthal/ Böhmen an.
Krönung Ferdinand von Habsburg zum König von Böhmen in Prag.

1528 Grafen von Schlick verlieren Münzhoheit von Joachimsthal an König von Böhmen.

1529	24. September bis 14. Oktober: Belagerung Wiens durch die Türken unter Suleiman II.. Dezember: Agricola stellt seine „Türkenrede“ fertig. Dezember: Wolf I. von Schönberg verstorben im Bedediktinerkloster in Chemnitz.
1530	Agricolas erstes bergmännisches Werk „Bermannus, sive de re metallica“ erscheint im Verlag Froben in Basel. Zusammenschluß der protestantischen Fürsten unter Führung von Markgraf Philipp von Hessen und Kurfürst Johann von Sachsen zum Schmalkaldischen Bund (gegen kaiserliche Religionspolitik). Herbst: Magister Magnus Hund wird neuer Stadtarzt von Joachimsthal. Scheibenberg erhält von Ernst II. von Schönburg Stadtrecht (Silberfunde 1515, ab 1522 Bergfreiheit und Sitz des Schönburgschen Bergamtes).
1531	Brieflicher Kontakt zwischen Agricola und Erasmus von Rotterdam beginnt. Agricola stellt sein Werk „Maße und Gewichte“ fertig. Lorenz Wehrmann gibt Agricolas „Türkenrede“ zeitgleich in Dresden und Nürnberg heraus. Oktober: Erste Erwähnung Agricolas in Chemnitz (Erhalt von 25 Gulden im Auftrag von Herzog Georg von Sachsen).
1532	Erneuerung der Freundschaft zwischen Stephan Roth und Agricola.
1532/33	Agricolas Freund Lorenz Wehrmann fällt im Kampf gegen die Türken in der Zips.
1533	Agricola leiht dem Abt des Benedictiner Klosters von Chemnitz, Hilarius von Rehburg, 1000 Gulden. „Maße und Gewichte“ erscheinen im Froben-Verlag zu Basel. Der reiche Chemnitzer Patrizier Ulrich Schütz verstirbt. Agricola wird Vormund seinerKinder. Agricola hält sich 1533/34 in Joachimsthal auf. Hat hier Kontakt zu Egranus, Pfarrer in Joachimsthal, schreibt darüber an Erasmus v. Rotterdam.
1534	Pest in Chemnitz. Agricolas „Plateanus-Brief“ erscheint bei Froben in Basel. 12. September: Ernst II. von Schönburg verstirbt. Er setzt auch Herzog Heinrich von Braunschweig-Wolfenbüttel in seinem Testament mit 1000 Gulden in Gold ein, die diesem zum Michelsmarkt zu übergeben sind. Johannes Horneborch hält sich im Auftrag des Herzog im Schloß Glauchau auf. 16. Oktober: Der Herzog Heinrich von Braunschweig-Wolfenbüttel bestellt ein Gutachten über seinen Harzer Bergbau bei Agricola durch Johannes Horneborch. Agricola wird Stadtarzt in Chemnitz.
1535	Pest in Chemnitz. Stephan Roth besucht Agricola in Chemnitz Ende 1535/Anfang 1536.
1536	11. Juli: Erasmus von Rotterdam verstirbt in Basel.

Agricolas Hausnachbar, der reiche Patrizier Jobst Wildeck, verstirbt. Agricola und Valentin Hertel werden Vormund der Kinder.

1537 Pest in Chemnitz.

1538 Georg Fabricius (Agricolas Freund) gibt Agricolas „Türkenrede" in Latein heraus.

Bildung der Liga der katholischen Reichsstände.

1539 17. April: Herzog Georg von Sachsen verstirbt als letzter katholischer Herrscher.

17. April: Heinrich von Sachsen (Bruder von Herzog Georg) führt im albertinischen Sachsen den evangelischen Glauben ein (Beginn der Reformation im albertinischen Sachsen).

1539/41 Reformation im Herzogtum Sachsen.

1540 Agricolas Bruder Christoph erwirbt die Bürgerrechte von Chemnitz.

1541 18. August: Herzog Heinrich von Sachsen verstirbt.

18. Augst: Sein Sohn Moritz wird regierender Herzog.

Agricola erhält von der Schuldverschreibung des Hilarius 25 Gulden Zinsen zu Michaelis und Walpurgis.

Erzbischof von Magdeburg und Mainz, Cardinal Albrecht II. verläßt vollig verschuldet seine Residenz in Burg Giebichenstein/Halle und zieht nach Aschaffenberg.

1541/41 Agricolas Ehefrau Anna, geb. Arnold, verw.Meyner, verstirbt.

1542 Herzog Moritz nimmt am Türkenkrieg in Ungarn teil.

1542/43 Agricola heiratet Anna, geb. Schütz, in Chemnitz.

1543 14. Juni: Agricola erhält auf seinen Antrag die Urkunde für ein Freihaus in Chemnitz und besondere Privilegien von Herzog Moritz von Sachsen, die einer Verleihung des Adelstitels entsprechen.

Geburt von Agricolas Tochter Irene in Chemnitz.

1544 Eröffnung der Fürstenschule Schulpforte.

Agricola vermittelt seine Neffen Martin und Georg aus Chemnitz als Schüler an diese Fürstenschule.

1545 Agricola wird vom Zwickauer Stadtarzt Leonhard Nather als ärztlicher Beistand nach Zwickau gerufen.

19. Juni: Geheimabkommen zwischen Herzog Moritz von Sachsen und Kaiser Karl V.

Geburt von Agricolas Sohn Valerius in Chemnitz.

Erzbischof von Magdeburg und Mainz, Cardinal Albrecht II. verstirbt.

1546 18. Februar: Martin Luther verstirbt in Eisleben.

Agricola erwirbt die Bürgerrechte der Stadt Chemnitz.

Mai: Auf Befehl der Herzogs Moritz von Sachsen übernimmt er das Amt des Bürgermeisters der Stadt Chemnitz (1. Bürgermeisteramt vom 15.5.1546 bis 17.5.1547).

Im Froben-Verlag in Basel erscheint Agricolas geologisch-mineralogischer Sammelband.

Agricolas Freund, der Stadtschreiber von Zwickau, Stephan Roth, verstirbt in Zwickau.
13.-16. Juli: Agricola vertritt die Stadt Chemnitz auf der Sitzung des sächsischen Landtages in Chemnitz.
Juli: Reichstag in Regensburg löst den Schmalkaldischen Krieg aus.
6. August: Reichsacht gegen Kurfürst Johann Friedrich von Sachsen und Landgraf Philipp von Hessen.
8. bis 11. Oktober: Landtag in Freiberg. Agricola vertritt die Stadt Chemnitz.
Herzogliche Truppen überwintern in Chemnitz.

1547 2. März Rochlitz: Markgraf Albrecht Alcibiades von Brandenburg-Kulmbach (Verbündeter von Herzog Moritz) wird gefangen genommen („Unfall" im Schmalkaldischen Krieg).
3. März: Herzog Moritz zieht sich von Chemnitz nach Freiberg zurück. Agricola muß den Herzog im Schmalkaldischen Krieg begleiten.
11. März: Agricola zieht mit den herzoglichen Truppen von Freiberg aus über Böhmen Eger (Cheb), Plauen, Zwickau, Glauchau nach Mühlberg/ Lochauer Heide /Elbe.
24. April: Schlacht bei Mühlberg, Sieg Kaiser Karl V. über Kurfürst Johann Friedrich von Sachsen und Markgraf Philipp von Hessen .
2. Mai: Agricola wieder in Chemnitz.
Mai: Agricola wird Bürgermeister von Chemnitz (2. Bürgermeisteramt vom 17.5.1547 bis 4.4.1548).
19. Mai: Wittenburger Kapitalation, Moritz von Sachsen wird Kurfürst von Sachsen.
Geburt von Agricolas Tochter Lucretia in Chemnitz.

1548 24. Februar: Auf dem Reichstag zu Augsburg erhält Herzog Moritz die sächsische Kurfürstenwürde.
März: Agricola stellt das Manuskript seines Werkes „Lebewesen unter Tage" fertig.
21. Dezember 1548 bis 1. Januar 1549: Landtag in Leipzig. Agricola nimmt teil („Leipziger Interim").

1549 Agricolas Werk „Lebewesen unter Tage" erscheint bei Froben in Basel.
August: Fertigstellung seines überarbeiteten Sammelbandes „Maße und Gewichte".

1550 Fertigstellung des Textteiles zu seinem Hauptwerk „De re metallica" („Über den Bergbau").
Sammelband „Maße und Gewichte" erscheint bei Froben in Basel.
Geburt von Agricolas Sohn Theodor in Chemnitz.
28. Oktober bis 19. November: Agricola nimmt am Landtag in Torgau teil.
Dezember: Ärztliche Behandlung des Grafen Hieronymus von Schlick in Joachimsthal durch Agricola.

1551 3. Januar bis 10. Februar: Agricola nimmt an der Landtagssitzung in Torgau teil.

Bis März: Mehrere kurze Aufenthalte in Joachimsthal. Agricola leiht dem Grafen H. von Schlick 5 000 Gulden. Tod des Grafen Hieronymus von Schlick.
April: Agricola wird Bürgermeister von Chemnitz (3. Bürgermeisteramt vom 16.4.1551 bis 28.4.1552).
Kurfürst Moritz erringt durch die Besetzung von Magdeburg die Vormachstellung in Norddeutschland als Führer des Fürstenbundes.

1552 Moritz von Sachsen erzwingt den Passauer Religionsfrieden.
Kurfürst Moritz erneut im Feldzug gegen die Türken.
Februar: Agricola vertritt seine Stadt Chemnitz auf dem Landtag in Torgau.
23.März: Geburt von Agricolas Tochter Anna in Chemnitz.
Pestjahr in Sachsen.
9. Juli: Schlacht bei Sievershausen. Kurfürst Moritz von Sachsen wird tödlich verwundet, stirbt am 11. Juli.
Kurfürst August (Bruder von Kurfürst Moritz) übernimmt Regentschaft.
August: Agricola stellt sein Werk „De peste" fertig.
21.-29. August: Sitzung des Landtages in Leipzig unter Kurfürst August von Sachsen. Agricola vertritt seine Stadt.

1553 Pestjahr in Sachsen.
April: Agricola wird Bürgermeister der Stadt Chemnitz (4. Bürgermeisteramt vom 20.4.1553 bis 2.4.1554).
Agricola auf dem Landtag von Leipzig (vom 21. bis 29.8.1553).

1554 Ostern: Agricola nimmt an Sitzung des Landtages in Dresden teil.
Agricolas Werk „De peste" erscheint bei Froben in Basel.
Agricola erarbeitet im Auftrag des Kurfürsten August von Sachsen das Manuskript „Sippschaft des Hauses Sachsen".

1555 10. Februar: Agricolas Tochter Irene verstirbt in Chemnitz, ebenfalls Sohn Theodor.
4. - 7. April: Agricola nimmt an der Sitzung des Landtages in Torgau teil.
25. September: Augsburger Religionsfrieden.
Nach dem 1.Oktober: Agricola gibt das Manuskript des Werkes „Sippschaft des Hauses Sachsen" unvollendet an Kurfürst August von Sachsen ab.
Oktober: Agricola erkrankt an einem Wechselfieber.
21. November: Agricola verstirbt in Chemnitz.
25. November: Agricola wird im Dom zu Zeitz beigesetzt auf Veranlassung seines Freudes Bischof Julius von Pflug.

1556 März: Agricolas Hauptwerk „De re metallica" (Über den Bergbau) erscheint im Verlag Froben in Basel.

Literatur und Quellenverzeichnis

Kindheit und Schulzeit

[1] Czok, K.: Geschichte Sachsens. Weimar 1989, S. 110.

[2] Wolf, H.-R.: Georgius Agricola - Schul- und Studienzeit. In: Museum und Kunstsammlungen Schloß Hinterglauchau, Schriftenreihe Heft 9. Glauchau 1992.

[3] Winkler, St.: Schönburgische Besitzungen im Überblick. In: Die Schönburger. Museum und Kunstsammlungen Schloß Hinterglauchau. Glauchau 1990/91, S. 13.

[4] Schön, Th.: Geschichte des fürstlichen und gräflichen Gesammthauses Schönburg, Bd. V. Waldenburg 1903, S 67/68.

[5] Historisch-genealogische Nachrichten von dem uralten Geschlechte derer Grafen und Herren von Schönburg. Waldenburg 1772, S. 37.

[6] Historisch-genealogische Nachrichten ... S. 37.

[7] Historisch-genealogische Nachrichten.... S. 37.

[8] Die Schönburger. Museum und Kunstsammlungen Schloß Hinterglauchau. Glauchau 1990/91

[9] Wolf, H.R.: Georgius Agricola - Schul- und Studienzeit. ... S. 22.

[10] Schönburg, A. Gräfin: Ernst II, Graf und Herr von Schönburg und sein Haus. In: Die Heimat. Monatszeitschrift Nr. 7. Glauchau 1934

[11] Müller, C.: Geschichte des Klosters Geringswalde. Waldenburg 1920, S. 72.

[12] Schönburg, A. Gräfin: Ernst II, Graf und Herr von Schönburg und sein Haus...

[13] Schön, Th.: Geschichte des fürstlichen und gräflichen Gesammthauses ... Bd. V, S. 43.

[14] Schön, Th.: Geschichte des fürstlichen und gräflichen Gesammthauses ... Bd. V, S. 71-73, 69.

[15] GeorgiusAgricola - ausgewählte Werke, Bd II. Berlin 1955, S. 147.

[16] Albinus, P.: Meißnische Bergkchronica. Dresden 1590

[17] Georgius Agricola - ausgewählte Werke, Bd. IX. Berlin 1992, S. 184.

[18] Georgius Agricola - ausgewählte Werke, Bd. IX. Berlin 1992, S. 178 ff.

[19] Georgius Agricola - ausgewählte Werke, Bd. IV. Berlin 1958, S.224/225.

[20] Georgius Agricola - ausgewählte Werke, Bd. III. Berlin 1956, S. 232.

Aufenthalt in Leipzig

[1] Erler, G.: Die Matrikel der Universität Leipzig. Band 1: Immatrikulationen von 1409 bis 1559. Leipzig 1895; Georgius Agricola - ausgewählte Werke. Bd.IX. Berlin 1992, S. 591.

[2] 800 Jahre Leipziger Messe. Festschrift des Leipziger Messeamtes zur Jubiläumsmesse 1965. Leipzig 1965

[3] Georgius Agricola - ausgewählte Werke, Bd. IX. Berlin 1992, S. 592.

[4] Georgius Agricola - ausgewählte Werke, Bd. IX. Berlin 1992, S. 134.

5 Georgius Agricola - ausgewählte Werke, Bd. IX. Berlin 1992, S. 513
6 Georgius Agricola - ausgewählte Werke, Bd. IX. Berlin 1992 S. 512.
7 Karl-Marx-Universität Leipzig. 1409 - 1959. Beiträge zur Universitätsgeschichte. 1. Band. Leipzig 1959, S. 45.
8 Düsterwald, E.: Kleine Geschichte der Erzbischöfe und Kurfürsten von Mainz 747 - 1802. Sankt Augustin o.J., S. 92.
9 Steinmetz, M.: Deutschland von 1476-1648. Berlin 1978
10 Kroker, E.: Joachim Camerarius. In: Die Universität Leipzig 1409-1909. Gedenkblätter zum 30. Juli 1909, S. 45 ff.

Schulmeister der Stadtschule in Zwickau

1 Steinmüller, K.: Agricola in Zwickau. Freiberger Forschungsheft D 18. Berlin 1957, S. 21.
2 Georgius Agricola - ausgewählte Werke, Bd. IX. Berlin 1992, S. 84 ff.
3 Schön, Th.: Geschichte des fürstlichen und gräflichen Stammhauses..., Bd. V, S. 66.
4 Steinmüller, K.: Agricola in Zwickau. ..., S. 25/26.
5 Schön, Th.: Geschichte des fürstlichen und gräflichen Stammhauses..., Bd. V, S.67.
6 Steinmüller, K.: Agricola in Zwickau ..., S. 27.
7 Georgius Agricola - ausgewählte Werke, Bd. IX. Berlin 1992, S. 95.
8 Georgius Agricola - ausgewählte Werke, Bd. IX. Berlin 1992, S. 95.
9 Georgius Agricola - ausgewählte Werke, Bd. IX. Berlin 1992, S. 96.
10 Georgius Agricola - ausgewählte Werke, Bd. IV. Berlin 1961, S. 95/96.
11 Georgius Agricola - ausgewählte Werke, Bd. IX. Berlin 1992, S. 105.
12 Georgius Agricola - ausgewählte Werke, Bd. IV. Berlin 1961, S. 12.
13 Georgius Agricola - ausgewählte Werke, Bd. I. Berlin 1956, S. 109.
14 Lauterbach, W.: Zum Wirken der Humanisten Johannes Rivius in Sachsen. In: Schriftenreihe des Stadt- und Bergbaumuseums Freiberg, Heft 10. Freiberg 1991, S. 21/34.
15 Steinmüller, K.: Agricola in Zwickau ..., S. 35.
16 Sudhoff, K.: Paracelsus im heutigen Sachsen. In: Glückauf. Zeitschrift des Erzgebirgsvereins, Heft 1(1933), S. 30.
17 Lauterbach, W.: Paracelsus und der Bergbau. In: Manuskripte - Thesen - Informationen der Bombastus-Gesellschaft e.V. Dresden. Nr. 3 - 1 - 1993, S. 3/9.
18 Prescher, H.: Georgius Agricola. Persönlichkeit und Wirken für den Bergbau und das Hüttenwesen des 16. Jahrhunderts. (Kommentarband zum Faksimiliedruck "Vom Bergkwerck XII Bücher", Basel 1557.) Leipzig 1985, S. 24.
19 Georgius Agricola - ausgewählte Werke, Bd. IX. Berlin 1992, S. 514.
20 Georgius Agricola - ausgewählte Werke, Bd. IX. Berlin 1992, S. 112f.
21 Steinmüller, K.: Agricola in Zwickau. ..., S. 30.
22 Georgius Agricola - ausgewählte Werke, Bd. IX. Berlin 1992, S. 56.
23 Georgius Agricola - ausgewählte Werke, Bd. IX. Berlin 1992, S. 596.
24 Georgius Agricola - ausgewählte Werke, Bd. IX. Berlin 1992, S. 52/53.

Italien - Vorbereitung und Aufenthalt

[1] Steinmüller, K.: Agricola in Zwickau... Berlin 1957, S. 33.
[2] Georgius Agricola - ausgewählte Werke, Bd. IX. Berlin 1992, S. 134.
[3] Georgius Agricola - ausgewählte Werke, Bd. IX. Berlin 1992, S. 106.
[4] Georgius Agricola - ausgewählte Werke, Bd. IX. Berlin 1992, S. 101.
[5] Eckardt, E.: Chronik von Glauchau. Glauchau 1882, S. 687.
[6] Wustmann, G.: Der Wirt von Auerbachs Keller Dr. Heinrich Stromer von Auerbach 1482 bis 1542. Leipzig 1902, S. 34.
[7] Wustmann, G.: Der Wirt von Auerbachs Keller Dr. Heinrich Stromer von Auerbach ..., S. 28 ff.
[8] Georgius Agricola - ausgewählte Werke,Bd. IX. Berlin 1992, S. 146/152.
[9] Wustmann, G.: Der Wirt von Auerbachs Keller Dr. Heinrich Stromer von Auerbach..., S. 29.
[10] Georgius Agricola - ausgewählte Werke, Bd. I. Berlin 1955, S. 270
[11] Müller, A.: Georgius Agricola und seine Beziehungen zu Zeitz. In: Zeitzer Blätter, Sonderheft 4, 1955, S. 10.
[12] Wustmann, G.: Der Wirt von Auerbachs Keller Dr. Heinrich Stromer von Auerbach ..., S. 50.
[13] Georgius Agricola - ausgewählte Werke, Bd. IX. Berlin 1992, S. 231.
[14] Kramm, H.: Studien über die Oberschichten der mitteldeutschen Städte im 16. Jahrhundert (Sachsen, Thüringen, Anhalt.) Köln, Wien 1981, S. 554.
[15] Georgius Agricola - ausgewählte Werke, Bd. II. Berlin 1955, S. 307.
[16] Georgius Agricola - ausgewählte Werke, Bd. IX. Berlin 1992, S. 244.
[17] Georgius Agricola - ausgewählte Werke, Bd. IV. Berlin 1959, S. 243.
[18] Georgius Agricola - ausgewählte Werke, Bd. IX. Berlin 1992, S. 518.
[19] Georgius Agricola - ausgewählte Werke, Bd. IX. Berlin 1992, S. 519.
[20] Georgius Agricola - ausgewählte Werke, Bd. II. Berlin 1955, S. 111.
[21] Georgius Agricola - ausgewählte Werke, Bd. VIII. Berlin 1974, S. 723.
[22] Georgius Agricola - ausgewählte Werke, Bd. II. Berlin 1955, S. 69.
[23] Georgius Agricola - ausgewählte Werke, Bd. IV. Berlin 1958, S. 301, 112.
[24] Georgius Agricola - ausgewählte Werke, Bd. III. Berlin 1956, S. 328.
[25] Georgius Agricola - ausgewählte Werke, Bd. IV. Berlin 1958, S. 312.
[26] Georgius Agricola - ausgewählte Werke, Bd. IX. Berlin 1992, S. 225/228, 719, 760.
[27] Georgius Agricola - ausgewählte Werke, Bd. II. Berlin 1955, S. 88.
[28] Georgius Agricola - ausgewählte Werke, Bd. II. Berlin 1955, S. 307/308.
[29] Georgius Agricola - ausgewählte Werke, Bd. II. Berlin 1955, S. 70.
[30] Georgius Agricola - ausgewählte Werke, Bd. IX. Berlin 1992, S. 519.
[31] Georgius Agricola - ausgewählte Werke, Bd. IX. Berlin 1992, S. 312.
[32] Georgius Agricola - ausgewählte Werke,Bd. IX. Berlin 1992, S. 520.
[33] Georgius Agricola - ausgewählte Werke, Bd. IX. Berlin 1992, S. 521.
[34] Georgius Agricola - ausgewählte Werke, Bd. IX. Berlin 1992, S. 522.

Stadtarzt und Stadtapotheker in Joachimsthal

[1] Georgius Agricola - ausgewählte Werke, Bd. VI. Berlin 1961, S. 68.
[2] Georgius Agricola - ausgewählte Werke, Bd. II. Berlin 1955, S. 68/69.
[3] Kramm, H.: Studien über die Oberschichten der mitteldeutschen Städte im 16. Jahrhundert... I. Teilband. Köln, Wien 1981
[4] Schön, Th.: Schönburgische Hausgeschichte, IV. Bd. Urkundenbuch. 1489-1512. Waldenburg 1903, S. 116.
[5] Georgius Agricola - ausgewählte Werke, Bd. II. Berlin 1955, S. 162-164.
[6] Georgius Agricola - ausgewählte Werke, Bd. II. Berlin 1955, S. 162-164.
[7] Knopf, K.: Wunderstadt St. Joachimsthal. Weipert und Leipzig o.D., S. 13.
[8] Ernstinisches Gesamtarchiv Weimar, T, Fol.279, Nr. V; Auch: Schön, Th.: Geschichte des fürstlichen und gräflichen Gesammthauses, Bd. V, S. 45.
[9] Pausch,S.: Bergbau. In: Die Schönburger. Museum Schloß Hinterglauchau. Glauchau 1990/91, S. 38ff.
[10] Schön, Th.: Geschichte des fürstlichen und gräflichen Gesammthauses, Bd.V, S. 58.
[11] Mittenzwei, I.: Der Joachimsthaler Aufstand 1525. Seine Ursachen und Folgen. Berlin 1968
[12] Laube, A.: Studien über den erzgebirgischen Silberbergbau von 1470 bis 1546. Berlin 1974
[13] Historisch-genealogische Nachrichten ... Waldenburg 1772, S. 38.
[14] Georgius Agricola - ausgewählte Werke, Bd. II. Berlin 1955, S. 61/62.
[15] Georgius Agricola - ausgewählte Werke, Bd. VI. Berlin 1961, S. 97.
[16] Georgius Agricola - ausgewählte Werke, Bd. II. Berlin 1955, S. 60.
[17] Pieper, W.: Ulrich Rülein von Calw und sein Bergbüchlein. In: Freiberger Forschungshefte, Reihe D, Heft 7. Berlin 1955
[18] Georgius Agricola - ausgewählte Werke, Bd. II. Berlin 1955, S. 77/78.
[19] Georgius Agricola - ausgewählte Werke, Bd. II, Berlin 1955, S. 77/78.
[20] Ermisch, H.: Freiberger Urkundenbuch, Bd. II. Leipzig 1886, Urkunden-Nr. 903, S. 24.
[21] Ermisch, H.: Freiberger Urkundenbuch, Bd. II. ... Urkunden-Nr. 933, S. 43/45.
[22] Ermisch, H.: Freiberger Urkundenbuch, Bd. II. ... Urkunden-Nr. 952, S. 56/57.
[23] Georgius Agricola - ausgewählte Werke, Bd. II. Berlin 1955, S. 144.
[24] Georgius Agricola - ausgewählte Werke, Bd. II. Berlin 1955, S. 144.
[25] Georgius Agricola - ausgewählte Werke, Bd. II. Berlin 1955, S. 144.
[26] Engewald, G.-R.: Einige Gedanken zu Georgius Agricolas Beitrag zum Entstehen der geologischen Wissenschaften. In: Sächsische Heimatblätter 27/1981, Heft 2
[27] Georgius Agricola - ausgewählte Werke, Bd. II. Berlin 1955, S. 69/70.
[28] Georgius Agricola - ausgewählte Werke, Bd. V. Berlin 1959, S. 81.
[29] Georgius Agricola - ausgewählte Werke, Bd. IX. Berlin 1992, S. 171.
[30] Georgius Agricola - ausgewählte Werke, Bd. VII. Berlin 1963.
[31] Frischauer,P.: Weltgeschichten in Romanen. 3. Band, S. 327.

[32] Knopf, K.: Wunderstadt St. Joachimsthal. Weipert und Leipzig, o.D., S. 30.
[33] Georgius Agricola - ausgewählte Werke, Bd. VII. Berlin 1963, S. 38.
[34] Michaelis, R.: Dr. Georgius Agricola und der sächsische Münzstreit um 1530. Fraustadt-Festschrift. Dresden 1960
[35] Georgius Agricola - ausgewählte Werke, Bd. V. Berlin 1959
[36] Georgius Agricola - ausgewählte Werke, Bd. V. Berlin 1959

Stadtarzt und Bürger von Chemnitz
Stadtarzt und Montanwissenschaftler

[1] Wilsdorf, H.: Persönliche Verhältnisse des Chemnitzer Bürgers Georgius Agricola. In: Bergakademie 1955, Heft 6, S. 294/295.
[2] Görlitz,W.: Staat und Stände unter den Herzögen Albrecht und Georg 1485 - 1539. Leipzig - Berlin 1928, S. 17.
[3] Georgius Agricola - ausgewählte Werke, Bd. VI. Berlin 1961, S. 86/87.
[4] Bräuer, H.: Die Stadtbevölkerung von Chemnitz zwischen 1450 und 1600. Stadtarchiv Chemnitz/Karl-Marx-Stadt. 1978, S. 58.
[5] Georgius Agricola - ausgewählte Werke Bd. IX. Berlin 1993, S. 599.
[6] Zöllner, C.W.: Geschichte der Fabrik und Handelsstadt Chemnitz. Chemnitz 1888, S. 167.
[7] Die schwarzen Mönche vom Chemnitzer Bergkloster. 2. Teil des Chemnitzer Heimatbuches. Chemnitzer Lehrerverein 1932, S. 35ff.
[8] Georgius Agricola - ausgewählte Werke, Bd. IX. Berlin 1992, S. 717.
[9] Schönburgische Geschichtsblätter Nr. 23 1915. Waldenburg/Sachsen.
[10] Georgius Agricola - ausgewählte Werke, Bd. IX. Berlin 1992, S. 206, 211.
[11] Georgius Agricola - ausgewählte Werke, Bd. II. Berlin 1955, S. 325.
[12] Georgius Agricola - ausgewählte Werke Bd. IX. Berlin 1993, S. 600, 602, 603, 605.
[13] Georgius Agricola - ausgewählte Werke, Bd. IX. Berlin 1992, S. 171.
[14] Georgius Agricola - ausgewählte Werke, Bd. IX. Berlin 1992, S. 171.
[15] Georgius Agricola - ausgewählte Werke, Bd. IX. Berlin 1992, S. 198.
[16] Georgius Agricola - ausgewählte Werke, Bd. V. Berlin 1959, S. 183.
[17] Georgius Agricola - ausgewählte Werke, Bd. IX. Berlin 1992, S. 433.
[18] Georgius Agricola - ausgewählte Werke Bd. IX. Berlin 1992, S. 192 (Fußnote).
[19] Georgius Agricola - ausgewählte Werke, Bd. IX. Berlin 1992, S. 532.
[20] Georgius Agricola - ausgewählte Werke, Bd. II. Berlin 1955 S. 8.
[21] Georgius Agricola - ausgewählte Werke, Bd. III. Berlin 1956, S. 180/181.
[22] Georgius Agricola - ausgewählte Werke, Bd. IX. Berlin 1992, S. 542/543.
[23] Prescher, H.: Georgius Agricola - Leben und Werke. In: Sächsische Heimatblätter 27 (1981), Heft 2, S. 51.
[24] Georgius Agricola - ausgewählte Werke, Bd. III. Berlin 1956, S. 221.
[25] Eckhardt, E.: Chronik von Glauchau. Glauchau 1882, S. 684.

26 Georgius Agricola - ausgewählte Werke, Bd. IX. Berlin 1992, S. 216 - 223, 718/719.

27 Georgius Agricola - ausgewählte Werke, Bd. IX. Berlin 1992, S. 339/340.

28 Georgius Agricola - ausgewählte Werke, Bd. IX. Berlin 1992, S. 287ff.

29 Georgius Agricola - ausgewählte Werke, Bd. IX. Berlin 1992, S. 549.

Bürgermeister und letzte Werke

1 Georgius Agricola - ausgewählte Werke, Bd. IX. Berlin 1992, S. 359.

2 Zöllner, C.W.: Geschichte der Fabrik und Handelsstadt Chemnitz ..., S. 170.

3 Zöllner, C.W.: Geschichte der Fabrik und Handelsstadt Chemnitz..., S. 170 ff.

4 Georgius Agricola - ausgewählte Werke, Bd. IX. Berlin 1992, S. 275/276.

5 Zöllner, C.W.: Geschichte der Fabrik und Handelsstadt Chemnitz..., S. 172.

6 Zöllner, C.W.: Geschichte der Fabrik und Handelsstadt Chemnitz ..., S. 172 ff.

7 Georgius Agricola-ausgewählte Werke, Bd. IX. Berlin 1992, S. 758.

8 Voigt, G.: Moritz von Sachsen. Leipzig 1876, S. 168.

9 Blaschke, K: Moritz von Sachsen. In: Persönlichkeiten in der Geschichte, Bd. 113. Göttingen - Zürich, S. 16.

10 Politische Korrespondenz des Herzogs und Kurfürsten Moritz, Bd. I. Berlin 1982, S. 8.

11 Brandenburg, E.: Moritz von Sachsen, Bd. 1. Leipzig 1898, S. 14.

12 Blaschke, K: Moritz von Sachsen. ..., S. 16.

13 Brandenburg, E.: Moritz von Sachsen ..., S. 14ff.

14 Politische Korrespondenz des Herzogs und Kurfürsten Moritz. Bd. I. Berlin 1982, S. 15.

15 Eckardt, E.: Chronik von Glauchau. Glauchau 1882, S. 684.

16 Politische Korrespondenz des Herzogs und Kurfürsten Moritz. Bd. I. Berlin 1982, S. 14.

17 Politische Korrespondenz des Herzogs und Kurfürsten Moritz. Bd. I. Berlin 1982, S. 147.

18 Blaschke, K: Moritz von Sachsen. ..., S. 22; Issleib, S.: Moritz von Sachsen als evangelischer Fürst 1541 - 1553. Beiträge zur sächsischen Kirchengeschichte. Leipzig, Dresden. Bd. XX.

19 Politische Korrespondenz des Herzogs und Kurfürsten Moritz. Bd. I. Berlin 1982, S. 208.

20 Blaschke, K: Moritz von Sachsen. ..., S. 26 ff.

21 Georgius Agricola - ausgewählte Werke, Bd. IX. 1992, S. 284.

22 Wartenberg, G.: Kurfürst Moritz von Sachsen (1521 - 1553). In: Kaiser, König, Kardinal. Deutsche Fürsten 1500 - 1800. Jena - Leipzig - Berlin 1991, S. 109; Georgius Agricola - ausgewählte Werke, Bd. IX. Berlin 1992, S. 367.

23 Georgius Agricola-ausgewählte Werke, Bd. IX. Berlin 1992, S. 350; Lauterbach, W.: Zum Wirken des Humanisten Johannes Rivius in Sachsen. In: Schriftenreihe des Stadt- und Bergbaumuseums Freiberg, Heft 10. Freiberg 1991

[24] Blaschke, K: Moritz von Sachsen...., S. 32.
[25] Georgius Agricola - ausgewählte Werke, Bd. IX. Berlin 1992, S. 366.
[26] Politische Korrespondenz des Herzogs und Kurfürsten Moritz von Sachsen. Bd. 3. Berlin 1978, S. 15.
[27] Blaschke, K: Moritz von Sachsen. ..., S. 56/57.
[28] Politische Korrespondenz des Herzogs und Kurfürsten Moritz. Bd. II. Berlin 1982, S. 722/723.
[29] Thiel, U.: Moritz von Sachsen und Freiberg - die Volksbewegung im Jahre 1547. In: Sächsische Heimatblätter 5/89, Seite 212.
[30] Blaschke, K: Moritz von Sachsen ..., S. 58 ff.
[31] Politische Korrespondenz des Herzogs und Kurfürsten Moritz. Bd. II. Berlin 1982, S. 862.
[32] Georgius Agricola - ausgewählte Werke, Bd. IX. Berlin 1992, S. 612;Thiel, U.: Moritz von Sachsen und Freiberg - die Volksbewegung im Jahre 1547 ..., S. 212 ff.
[33] Issleib, S.: Moritz von Sachsen als evangelischer Fürst 1541 - 1553. ..., Bd. XX, S. 175.
[34] Wartenberg, G.: Kurfürst Moritz von Sachsen..., Seite 175 ff.
[35] Politische Korrespondenz des Herzogs und Kurfürsten Moritz von Sachsen. Bd. 3. Berlin 1978, S. 18.
[36] Politische Korrespondenz des Herzogs und Kurfürsten Moritz von Sachsen. Bd. 3. Berlin 1978, S. 18
[37] Zöllner, C.W.: Geschichte der Fabrik und Handelsstadt Chemnitz ..., S. 184.
[38] Issleib, S.: Moritz von Sachsen als evangelischer Fürst 1541 - 1553 ..., Bd. XX, S. 179.
[39] Politische Korrespondenz des Herzogs und Kurfürsten Moritz von Sachsen. Bd. 3. Berlin 1978, S. 285.
[40] Politische Korrespondenz des Herzogs und Kurfürsten Moritz von Sachsen. Bd. 3. Berlin 1978, S. 268.
[41] Politische Korrespondenz des Herzogs und Kurfürsten Moritz von Sachsen. Bd. 3. Berlin 1978, S. 337.
[42] Issleib, S.: Moritz von Sachsen als evangelischer Fürst 1541 - 1553. ...Bd. XX, S. 179.
[43] Politische Korrespondenz des Herzogs und Kurfürsten Moritz von Sachsen. Bd. 3. Berlin 1978, S. 268, 274, 275.
[44] Georgius Agricola - ausgewählte Werke, Bd. V. Berlin 1959, S. 22.
[45] Georgius Agricola - ausgewählte Werke, Bd. IX. Berlin 1992, S. 383.
[46] Georgius Agricola - ausgewählte Werke, Bd. IX. Berlin 1992, S. 376.
[47] Dr. Georgius Agricola in Chemnitz. Beiträge zur Heimatgeschichte Heft 5. Karl-Marx-Stadt 1955, S. 26.
[48] Politische Korrespondenz des Herzogs und Kurfürsten Moritz von Sachsen. Bd. 3. Berlin 1978, S. 290, 318, 319.
[49] Politische Korrespondenz des Herzogs und Kurfürsten Moritz von Sachsen. Bd. 3. Berlin 1978, S. 325.

[50] Politische Korrespondenz des Herzogs und Kurfürsten Moritz von Sachsen. Bd. 3. Berlin 1978, S. 308, 315.
[51] Politische Korrespondenz des Herzogs und Kurfürsten Moritz von Sachsen. Bd. 3. Berlin 1978, S. 315, 337.
[52] Politische Korrespondenz des Herzogs und Kurfürsten Moritz von Sachsen. Bd. 3. Berlin 1978, S. 317, 321, 326.
[53] Brandenburg, E.: Moritz von Sachsen ..., S. 533.
[54] Issleib, S.: Moritz von Sachsen als evangelischer Fürst 1541 - 1553. ..., Bd. XX, S. 180.
[55] Wartenberg, G.: Kurfürst Moritz von Sachsen ..., S. 110.
[56] Politische Korrespondenz des Herzogs und Kurfürsten Moritz von Sachsen. Bd. 3. Berlin 1978, S. 323.
[57] Politische Korrespondenz des Herzogs und Kurfürsten Moritz von Sachsen. Bd. 3. Berlin 1978, S. 327.
[58] Politische Korrespondenz des Herzogs und Kurfürsten Moritz von Sachsen. Bd. 3. Berlin 1978, S. 327.
[59] Georgius Agricola - ausgewählte Werke, Bd. IX. Berlin 1992, S. 430/431.
[60] Georgius Agricola - ausgewählte Werke, Bd. IX. Berlin 1992, S. 390.
[61] Georgius Agricola - ausgewählte Werke, Bd. IX. Berlin 1992, S. 399;Zöllner, C.W.: Geschichte der Fabrik und Handelsstadt Chemnitz ..., S. 190.
[62] Politische Korrespondenz des Herzogs und Kurfürsten Moritz von Sachsen. Bd. 3. Berlin 1978, S. 516
[63] Brandenburg, E.: Moritz von Sachsen ..., S. 535.
[64] Issleib, S.: Moritz von Sachsen als evangelischer Fürst 1541 - 1553. ... Bd. XX, S. 180.
[65] Blaschke, K: Moritz von Sachsen ... , S. 65.
[66] Böttiger, C.W.: Geschichte der europäischen Staaten. Bd. I. Hamburg 1830, S. 503.
[67] Georgius Agricola - ausgewählte Werke, Bd. IX. Berlin 1992, S. 408 ff.
[68] Georgius Agricola - ausgewählte Werke, Bd. IX. Berlin1992, S. 412.
[69] Georgius Agricola - ausgewählte Werke, Bd. IX. Berlin 1992, S. 412/413.
[70] Georgius Agricola - ausgewählte Werke, Bd. V. Berlin 1959
[71] Prescher, H.: Georgius Agricola-Leben und Werke. In: Sächsische Heimatblätter 27/1981, S. 52.
[72] Prescher, H.: Georgius Agricola - Leben und Werke. ..., S. 52.
[73] Georgius Agricola - ausgewählte Werke, Bd. V. Berlin 1959, S. 352.
[74] Prescher, H.: Georgius Agricola - Leben und Werke. ..., S. 52.
[75] Georgius Agricola - ausgewählte Werke, Bd. IX. Berlin 1992, S. 557.
[76] Neubert, E.: Über Bilder in wissenschaftlicher Literatur. Bemerkungen zu den Holzschnitten in "De re metallica libri XII". In: Sächsische Heimatblätter Heft 2/ 1981, S. 74 bis 77.
[77] Georgius Agricola - ausgewählte Werke, Bd. IX. Berlin 1992, S. 561.
[78] Georgius Agricola - ausgewählte Werke, Bd. IX. Berlin 1992, S. 468.

[79] Baumgärtel, H.: Vom Bergbüchlein zur Bergakademie Freiberg. In: Freiberger Forschungsheft D 50. Leipzig 1965, S. 43.
[80] Georgius Agricola - ausgewählte Werke, Bd. IX. Berlin 1992, S. 470.
[81] Georgius Agricola - ausgewählte Werke, Bd. VIII. Berlin 1974, S. 54.
[82] Georgius Agricola - ausgewählte Werke, Bd. VIII, Berlin 1974, S. 54.
[83] Georgius Agricola - ausgewählte Werke, Bd. IX. Berlin 1992, S. 565.
[84] Georgius Agricola - ausgewählte Werke, Bd. IX. Berlin 1992, S. 764.
[85] Georgius Agricola - ausgewählte Werke, Bd. IX. Berlin 1992, S. 700.
[86] Georgius Agricola - ausgewählte Werke, Bd. IX. Berlin 1992, S. 561.
[87] Strauss, R.: Georgius Agricola in Chemnitz. Beiträge zur Heimatgeschichte von Karl-Marx-Stadt, Heft 5, S. 11
[88] Georgius Agricola - ausgewählte Werke, Bd. VI. Berlin 1961, S. 299.
[89] Georgius Agricola - ausgewählte Werke, Bd. VI. Berlin 1961, S. 290/291.
[90] Georgius Agricola - ausgewählte Werke, Bd. IX. Berlin 1992, S. 562.
[91] Kunze, A.: Die Entwicklung der Produktivkräfte und Produktionsverhältnisse in Chemnitz in der ersten Hälfte des 16. Jahrhunderts unter besonderer Berücksichtigung der Erflüsse des oberdeutschen Handelskapitals. In: Beiträge zur Heimatgeschichte von Karl-Marx-Stadt, Heft 4. Karl-Marx-Stadt 1955, S. 28.
[92] Issleib, S.: Moritz von Sachsen als evangelischer Fürst 1541 - 1553. ... Bd. XX, S. 210/212.
[93] Georgius Agricola - ausgewählte Werke, Bd. IX. Berlin 1992, S. 637/638.
[94] Georgius Agricola - ausgewählte Werke, Bd. IX. Berlin 1992, S. 610.
[95] Georgius Agricola - ausgewählte Werke, Bd. IX. Berlin 1992, S. 615.
[96] Georgius Agricola - ausgewählte Werke, Bd. IX. Berlin 1992, S. 627.
[97] Georgius Agricola - ausgewählte Werke, Bd. IX. Berlin 1992, S. 633.
[98] Georgius Agricola - ausgewählte Werke, Bd. IX. Berlin 1992, S. 584.
[99] Georgius Agricola - ausgewählte Werke, Bd. IX. Berlin 1992, S. 635.
[100] Georgius Agricola - ausgewählte Werke, Bd. IX. Berlin 1992, S. 620.
[101] Georgius Agricola - ausgewählte Werke, Bd. IX. Berlin 1992, S. 624.
[102] Georgius Agricola - ausgewählte Werke, Bd. IX. Berlin 1992, S. 639.
[103] Georgius Agricola - ausgewählte Werke, Bd. IX. Berlin 1992, S. 641.
[104] Georgius Agricola - ausgewählte Werke, Bd. IX. Berlin 1992, S. 742.
[105] Georgius Agricola - ausgewählte Werke, Bd. IX. Berlin 1992, S. 608.
[106] Georgius Agricola - ausgewählte Werke, Bd. IX. Berlin 1992, S. 615.
[107] Georgius Agricola - ausgewählte Werke, Bd. IX. Berlin 1992, S. 354.
[108] Georgius Agricola - ausgewählte Werke, Bd. IX. Berlin 1992, S. 367.
[109] Georgius Agricola - ausgewählte Werke, Bd. IX. Berlin 1992, S. 563.
[110] Georgius Agricola - ausgewählte Werke, Bd. IX. Berlin 1992, S. 566.
[111] Müller, G.: Georgius Agricola und seine Beziehungen zu Zeitz. In: Zeitzer Heimatblätter 1955, Heft 4, S. 29.
[112] Georgius Agricola - ausgewählte Werke, Bd. IX. Berlin 1992, S. 566 ff.
[113] Georgius Agricola - ausgewählte Werke, Bd. I. Berlin 1956, S. 280.

[114] Georgius Agricola - ausgewählte Werke, Bd. IX. Berlin 1992, S. 569/570.

[115] Georgius Agricola - ausgewählte Werke, Bd. IX. Berlin 1992, S. 568.

[116] Georgius Agricola - ausgewählte Werke, Bd. IX. Berlin 1992, S. 576.

[117] Georgius Agricola - ausgewählte Werke, Bd. IX. Berlin 1992, S. 569.

[118] Georgius Agricola-ausgewählte Werke, Bd. IX. Berlin 1992, S. 574.

[119] Prescher, H.:Faksimiledruck "Vom Bergkwerck XII Bücher", Basel 1557.Leipzig 1985

[120] Bodenheimer, W.: Der Primat des Deutschen. Studien zu Agricolas >De re metallica< und >Vom Bergwerk<. In: Aus dem Antiquariat, Nr. 6 und 7 1993, (Börsenblatt für den Deutschen Buchhandel Nr. 51 und Nr. 60 1993.)

Personenverzeichnis

Sachverzeichnis